U0516696

星云禅话——典藏版

活的性灵

星云大师 著

中华书局

图书在版编目(CIP)数据

活的快乐:典藏本/星云大师著. —北京:中华书局,2017.2
ISBN 978-7-101-12008-0

Ⅰ.活… Ⅱ.星… Ⅲ.人生哲学-通俗读物 Ⅳ.B821-49

中国版本图书馆 CIP 数据核字(2016)第 270821 号

书　　名	活的快乐(典藏版)
著　　者	星云大师
责任编辑	焦雅君
出版发行	中华书局
	(北京市丰台区太平桥西里 38 号　100073)
	http://www.zhbc.com.cn
	E-mail:zhbc@zhbc.com.cn
印　　刷	北京市白帆印务有限公司
版　　次	2017 年 2 月北京第 1 版
	2017 年 2 月北京第 1 次印刷
规　　格	开本/787×1092 毫米　1/32
	印张 9⅜　插页 9　字数 80 千字
印　　数	1-3000 册
国际书号	ISBN 978-7-101-12008-0
定　　价	68.00 元

参禅何须山水地
灭却心头火自凉

　　《星云禅话》要出版了，这是我在《人间福报》头版，继《迷悟之间》、《星云法语》、《人间万事》之后，第四个每日不间断、连写三年的专栏。

　　回想《人间福报》创报之初，我为了鼓励大家多创作，同时为扭转一般报纸头版打打杀杀、口水横飞的风气，承诺每日提供一篇千字的稿子，给头版刊登。时间倏忽过去十四年，我不曾一日间断。《星云禅话》就是在二〇〇九年到二〇一二年间所写的内容，但是若要追溯撰写禅话最早的因缘，则要回到一九八五年。

当时我应台湾电视公司之邀，在节目上讲说禅的宝典——《六祖坛经》，节目播出以后，各方对于禅的渴求信息，如雪片般纷飞而来，于是有新闻晚报副刊邀请我，每日为它撰写一则关于禅的公案，题名"星云禅话"，美国与泰国的《世界日报》也一并刊登，这是我最早写禅话公案的因缘。

后来又有人建议，将禅话制作成电视节目，让更多的人享受禅的随缘放旷、任性逍遥，因此有了电视制作人周志敏女士所制作的"星云禅话"节目，在一九八六年播出。一年后，台视公司将它结集成《星云禅话》四册出版发行。

这以后，《星云禅话》多次再版再刷，佛光、联经出版社也曾先后出版过，到底出版了多少次、发行了多少本，我也不曾去深究。所谓搬柴运水无非是禅，出版发行又何曾离开禅！只不过有一样，我一直挂碍着，那就是过去这些禅话公案播出或出版时，我正忙碌于海内外的弘法布教，夜以继日地撰写，之中颇有些匆促而成，恐怕挂一漏万、未尽圆妥，时常想着有机会要将不妥之处修正过来。由于这个因缘，多年后"星云禅话"便在《人间福报》再次和读者、信徒相见。

这次所刊登的"星云禅话"，除了修正旧稿之外，大部分都是新增的禅话公案，一共有一〇八四则。从这些公案里，我们可以体会禅的大机大用。禅，不但有机锋，还有慈悲、幽默、洒脱、率真……它是生活中一股安定心灵的力量。运用禅的智慧，可以让我们的生活少一些烦恼，多一些解脱，所谓"参禅何须山水地，灭却心头火自凉"。

禅有千百种面向：禅是千年暗室，一灯即明；禅是一朝风月，万古长空；禅是搬柴运水，穿衣吃饭；禅是行住坐卧，语默动静；禅是参究自心，本来面目；禅是青青翠竹，郁郁黄花；禅是一钵千家饭，孤僧万里游；禅是至道无难，唯嫌拣择，但莫憎爱，洞然明白……希望有缘的读者，能够在禅的三昧中，保任心的活水源头，在生活中受用无穷。

于丹女士，张毅、杨惠姗贤伉俪，以及名医杨定一博士，为本套书作序，在此一并致意感谢。

是为序。

二〇一三年八月于佛光山开山寮

因为心系人间

烈焰炙身

汗水映火舞

意志点亮生命

淬炼

艳火莲华一朵

刹那

即静　即禅

佛光山佛陀纪念馆开幕的前十天，为了普陀洛伽山观音殿的千手千眼观世音，我和十几位伙伴在纪念馆昏天黑地全力赶工。

所有的人都听说星云大师中风住院了。

纪念馆的工程如火如荼，到处是赶工加班的工程队，夜晚，纪念馆里、纪念馆外，到处灯火通明，一切仿佛如常。

但是，每个人心里，有块石头。

忍不住去问佛光山的师父，所有出家众对星云大师的事，守口如瓶。

但是，每天早上，到佛陀纪念馆上工，仍然忍不住要打听一下，星云大师怎么样了？

这次，说星云大师已经出院了。

所有的人松了一口气。

但是，为什么不在医院多休息一下？没有答案。

我们继续在佛陀纪念馆里忙碌至深夜，十一点多收工，一大群人挤满车子，由纪念馆出来，往纪念馆大门走，预备回朝山会馆休息。

夜晚没灯，突然，看见车道的工地上有人，仔细看是佛光山的师父，中间有人坐在轮椅上，用镭射光笔在还没有完工的车道上，比划来比划去。

竟然是星云大师。

心里一惊，第一个反应是：老先生，您不要命啊？

突然想起，有一次，星云大师看到张毅，笑着问：

你知道我年轻时候，最想做什么工作？

我们一愣，都说不知道。

星云大师笑着说：我想做导演。

长久以来，我一直想不通，导演？为什么是导演？

那天深夜看到因中风刚出院，就三更半夜，坐在轮椅上用镭射光笔在车道工地上指挥的星云大师，竟然又想起这个问题。

他最终没有去做导演，而成为今天的星云大师，在他的生命深处，的确充满了一个导演的性格倾向：当你聆听他的开示，以及阅读他的文字，那种信手拈来都能引人入胜的感染力，说明他是天生的传播高手。这种与生俱来就有强烈的话要说的动力，确实是所有导演的共同血液。

然而，当那种动力，由虚拟的戏剧，提升到人间的苦难关怀和众生的无明的解脱，导演的工作，可能变得无力而虚无。因为，面对真的无边人间苦厄，需要投入的，不再是短暂的创作工作，也不可能有任何个人的浪漫虚荣，更重要的是，没有什么风花雪月的期待。

需要的是，真正的生命无我无私的投入。

因此，那个原来可能是个高明的导演的人，六十年来，心无旁骛地成了今天的佛光山的星云大师。

琉璃工房 执行长 / 艺术总监

听佛陀讲故事

大凡幸福的孩子，童年都是有故事听的。

无论偎在妈妈的怀抱里，还是躺在奶奶的蒲扇下，哪怕是蹲在村里老爷爷的板凳边，人性里最早的是非之心、善恶判断，就始自听来的那些故事。小时候只是听得痴迷有趣，长大后遇见世间沧桑，故事深处的道理，才分明起来。

公案禅话，就是历代高僧讲的故事。

而佛性，就藏在人人童年的本真之中。没有受到世事习染的本心倘能明朗坚持，就是中国本土禅宗修佛的境界了。

自达摩祖师东来，不立文字，教外别传；自五祖弘忍传至六祖慧能，一花五叶，心心相印，舍末究本，一门深入，明自本心，见自本性。五祖开示称："不识本心，学法无益，若识自本心，见自本性，即名大丈夫，天人师，佛。"

六祖以"本来无一物，何处惹尘埃"的清朗自性，遁入深深红尘，在猎人队伍中隐匿十五年，承接衣钵，一语道破"若识自心，一悟即到佛地"，只因为"菩提自性本来清净，但用此心直了成佛"，这部奠定了禅宗基础的《坛经》甚至简约到了"惟论见性，不论禅定解脱"，以般若智慧传递给众生一种充满肯定的态度。"汝等自心是佛，更莫狐疑。"

那么，红尘修佛，唤醒自性，所由路径何在？

听听高僧讲的故事吧。

六祖自猎人队伍中归来时，途经法性寺，听见两位僧人对着飘动的经幡争论不已，一人说是风在动，一人说是幡在动，历经磨难一心不乱的六祖一言开示："其实不是风动，也不是幡动，而是二位仁者的心在动啊。"（《风动？幡动？》）

站在二〇一三年早春萌动的时节里，所有关于

"末世"的恐慌都随着上一个年头的冬至日杳去，但是我们心里的纷扰还在，迷失在喧嚣悲欢中的惶惑一点儿没少，到底是这个世界变得太快，还是命运把我们扔到了边缘，说到底，"心静则万物莫不自得，心动则事相差别现前"，看透了自己的心动，离心静也就近了一步。

而自己这一颗心，量大时足以造一座高楼，量小时用尽全部也只造一根毫毛，如同星云大师开示："能大能小，能有能无，能苦能乐，能多能少，能早能晚，能冷能热，因为禅心本性，无所不能。"（《能大能小》）

人的一生都在追求自由，绝对的身体行为自由是不存在的，但是心的自由却是无极的。中文这一个"闷"字，不就是"心"外关了一扇"门"，自己不打开，又有什么样的外力能帮你放出来呢？或许，人不能左右生命的长度，但可以把握生命的宽度，用一生光阴，究竟把自己活成了浩荡大河还是涓涓小溪，两岸的宽度就取决于心量的大与小。

如果以为修为历练一颗心，只为放下烦恼逍遥出世，就辜负了"觉有情"的佛陀本心。这个攘攘红尘深处，藏了多少婆娑深情，弟子淘米时不慎冲掉一粒米，就被师父提点算账：一粒米生二十四个芽，长出二十四个稻穗，每棵稻穗长出三百粒米，一年下来就是七千二百粒，这些米再播撒下去，到来年就是五千一百八十四万粒米的收获。所谓"一滴润乾坤"，在乎了一粒米，那份谦恭与感恩就实证了一沙一石包容大千世界的华严精神。(《一滴润乾坤》)

想想我们今天的餐桌上，堆积如山的浪费，背后是多少不知惜福不知敬畏的狂妄心。

深沉而朴素的敬畏与感恩有时只在一个瞬间的本能中寄寓：小店主做了一笼热腾腾的包子，满身沾着面粉就欢天喜地跑去奉给禅师。禅师一见，马上回房穿上庄严的袈裟，出门郑重接受几个包子，只为敬重一份诚恳与热忱。佛如光，法如水，僧如田，良田福地的耕耘就是一生中的所有瞬间积累。(《工作热忱》)

想来今天世事人心，男人买到一座豪宅或宝马车的时候也未必就真有欢喜，女人买到 LV 的手袋或 Dior 套装的时候也未必就知足珍惜。这些奢侈品带不来的，大概就是那几个热包子奉上时不掺虚假的热忱，还有禅师庄严接受时发自内心的虔诚感激。

但，是不是听了这些故事就一瞬间醍醐灌顶呢？倘若去请教一句点化，赵州禅师会说："老僧半句也无。"（《老僧半句也无》）而洞山良价禅师后来悟出的境界更好："也大奇，也大奇！无情说法不思议，若将耳听终难会，眼处闻声方得知。"（《无情说法》）

或许，这才是禅宗真正的曼妙之处："若开悟顿教，不执外修，但于自心，常起正见，烦恼尘劳常不能染，即是见性。"

纷纷攘攘红尘深处，到处都有机缘去悟去懂，事事无碍，迷失的本心，一旦觉悟，澄明高远的境界呼之欲出。

星云大师曾经给我讲过他出家的真实经历：

结缘志开上人后，当年只有十二岁的大师立志弘法出家。被领到住持面前受戒，住持问："这个孩子，是谁让你出家的？"

孩子想一想，气概十足地说："是我自己愿意出家的。"

不期然，住持抄起藤条劈头打下来："小小的年纪，好大的胆子！没有师父指引，你出得了家吗？说，谁让你出家的？"

孩子知错，顿时改口："是师父让我出家。"不期然，藤条又落在头上："这么大的人了，没有主见么？师父让你出家便出家？说，谁让你出家的？"

孩子想想，果然哪个单一角度都不周全，这次很圆融地回答："是师父带我来的，也是我自己愿意出家。"

藤条依旧落下来，这一次根本不解释，只是问："说，谁让你出家的？"

孩子被打得越发懵懂，但一心已定，只好说："我自己也不知道，你打我就是了。"——这个最不像样的答案终于让住持放下藤条："坐下剃度吧。"

这段故事，我曾在学生就业前讲给他们听：未涉世事时，书生意气的少年心总带了些自以为是，言之凿凿乘愿而来，或秉承师命而来，都没有错，但一定会被世事历练，一次又一次地修理。此后渐次悟出单一角度的偏颇，学会周全兼顾时还是挨打，大部分人心中大不平衡，自此愤世嫉俗，把人间看作炎凉是非的深渊，放弃做有益的事，甚或连自己的善根本性都放弃了。而另外一小部分极具慧心的人却会向更高境界再多一步：不能因为挨打就放弃本心，踏实去做当下每一件认为该做的事情，这个复杂的世界防不住什么地方会出来棍棒，那么，你打我就是了。而这样一想，便是不挨打的开始。

这段故事，我也作公案听，真实经历何尝不是禅话。

这一套《星云禅话》，有多少史上公案，都被星云大师以自己的体温暖热，再输送到我们的心里。

禅宗讲求体用不二，定慧一体，空有圆融，性相一如。在一个过分嘈杂的时代里，明心见性，是一件既简练又深邃的事情。

"不悟即佛是众生，一念悟时众生是佛。"

北京师范大学教授

滚动心轮

　　应邀为《星云禅话》写序，我本来不敢承诺，一则深感荣幸；二则觉得不够资格帮星云大师写序，谈到禅，更是自觉不足。然而为表达对大师的尊敬，也就勉为其力。

　　在《星云禅话》套书中，大师透过圆融贯通的笔触，把禅门的故事、话头，运用到生活中。可看出大师对禅与佛法的中心理念，是佛法离不开生活与心念行为，从大师的修为也可以得到充分印证。大师平日的言行，充分体现了佛法的教导，展现出最高的智慧与慈悲，而不仅是理论或智慧的理解，这是大师最令人钦佩之处。大师的教法很独特，以身作则，力行佛法。然而这还不是最稀有难得的，是从信众所传达出大师的谦虚、平凡、无架子，与任何人都能圆融沟通，给人方便，包容佛法各派传承，这是当今时代最需要的，而大师充分体现出这样的风范。

大师这样圆融的成就，是非常不容易的。这是多年来坚持佛法，观照自己的行为与所教的相符相合，因此能感动全球数百万信众，弘扬佛法于五大洲。个人对大师的理念与修持非常景仰，平日所推动的各项活动，也都希望能符合大师的教导。譬如：大师倡导"三好"运动多年，所谓"三好"就是做好事、说好话、存好心，以身口意来奉行佛法。事实上，对于因忙碌生活、紧绷压力所带来的心灵危机，大师所推动的"三好"运动正切合现代人所需。个人也认为，当抱持感恩与慈悲的念头，自然会做好事服务人，说好话赞美人，存好心为人设想。行住坐卧都能落实三好，起心动念都是欢喜修行。

希望读者朋友在体会禅味之余，打开心胸，接受大师的话。以自己的身心行为，来验证大师的教导是否契合有用，更要时常参考大师的话，将佛法应用在生活中。

杨 定 一

长庚生物科技董事长

目　录

卷一

卷二

卷 三

卷 四

卷一

人，只要心正，大地山河，都会随我们的心境所转。

心中只有自己的人，
不会快乐；
眼中只有利益的人，
终会失败。

击碎虚空骨

日本禅门里，有一位大名鼎鼎的梦窗疏石国师，他年少时千里迢迢来到京都，到一山一宁禅师处参学。

有一天，他到方丈室请示说："弟子大事未明，祈请禅师直指开示。"

一山禅师严峻地说："我宗无言句，亦无一法与人。"

梦窗再三恳求说："请和尚慈悲方便。"

可是一山还是威严地说："我无方便，亦无慈悲。"

如此多次，仍然得不到一山禅师的开示。梦窗心想：既然与禅师无缘，长此下去也无法开悟，于是忍泪辞别一山门下，往镰仓的万寿寺叩参佛国禅师。

没想到，他在佛国禅师座下却遭到更无情的痛棒，这对殷殷求道的梦窗，实在是一大打击，终于他伤心地对佛国禅师发誓："弟子若不到大彻大悟，绝不回来见禅师。"

梦窗辞别了佛国禅师，来到了一个山林里，夜以继日与大自然做静默的问答。有一天，他坐在树下，心中无牵无挂，不知不觉到深夜，然后才回茅棚睡觉。上床之时，误认自己已到了墙边，糊里糊涂把身子靠过去，不料却跌了下来，在跌落的一刹那，不觉失笑出声，就此豁然大悟了。身心开朗之余，他脱口说了一偈：

多年掘地觅青天，添得重重碍膺物；
一夜暗中颺碌砖，等闲击碎虚空骨。

梦窗心眼洞明后，感恩之余，便去会见一山禅师和佛国禅师，呈上自己所见，机智密契，佛国大为称赞，立刻为他印证说："西来之密意，汝今已得，必善自护持！"

这年，梦窗三十一岁。

　　古今中外禅师有一特色，大都语冷心慈，一山禅师的无方便、无慈悲，实则即方便，即慈悲；佛国禅师的棒喝，更是大方便、大慈悲。设无此二师，何有后来的梦窗国师？故春风夏雨，能使万物生长，而秋霜冬雪，更可使万物成熟也。

无响无闻

　　现在社会上不少人喜欢学密宗。学密不是那么容易的事；学禅难，学密更难。有一天，皓月供奉（供奉：僧官名）去请示长沙景岑禅师："如何是陀罗尼（密咒）？"

　　长沙景岑禅师不开口，以手指指着禅床右边。

　　"这个？"皓月供奉怀疑地问。

　　"你以为这不是陀罗尼密咒吗？僧众却能诵得。"长沙景岑禅师答。

　　皓月供奉又问："还有人诵得否？"长沙景岑禅师又指着禅床左边。

　　"这个？"皓月依然疑惑。

　　"有什么不对，这里僧也诵得。"长沙景岑禅师回答。

　　"你说左面、右面都有人在这里诵陀罗尼密咒，我怎么听不到呢？"皓月问。

长沙景岑禅师答："大德岂不知'真诵无响，真听无闻'？"

皓月再问："如此说来，音声就不入法界性了？"

"离色求观非正见，离声求听是邪闻。"长沙景岑禅师并说一首偈：

> 满眼本非色，满耳本非声；
> 文殊常触目，观音塞耳根。
> 会三元一体，达四本同真；
> 堂堂法界性，无佛亦无人。

◎ 养心法语 ————————————

　　一般人想从咒语音声里求得即身成佛，就如皓月供奉不解色法音声当体即空一样。虽然经过长沙景岑禅师指点，所谓密咒总持的一切义，就是陀罗尼的意义，是"即色即空"。但皓月仍然不解，以为音声不入法界性。他不知道法界性是不离色相而显，所谓"佛法在世间，不离世间觉。离世求菩提，犹如觅兔角"。

我们把世间和出世间分成两个，把有和无也分成了两个。其实"色即是空，空即是色"；世间、出世间，二而是一，一而不二。

乞丐与禅

云溪桃水是日本有名的禅师，曾经在好几个寺院丛林里住过，是位饱参饱学的禅师。

他所驻锡的寺院，吸引了许多的学僧，可是这些学僧往往不能忍苦耐劳，半途而废，使得他非常灰心。于是他向大众辞去教席，劝学僧们解散，各奔前程。此后，桃水禅师的行踪，便再也没有人知道。

三年后，有位门人发现桃水禅师出现在京都的一座桥下，与一些乞丐生活在一起。这位门人立即上前恳求桃水禅师给他开示，桃水禅师很不客气地告诉他："你没有资格接受我的指导。"

门人问道："那要怎样才有资格呢？"

桃水禅师说："如果你能像我一样，在桥下生活个三五天，我或许可以教你。"

于是门人也扮成乞丐的模样，与桃水禅师共同度过了第一天的乞丐生活。

第二天，乞丐群中死了一个人，桃水禅师叫门人和他一起把乞丐的尸体搬到山边去埋，两人忙到半夜才回到桥下休息。只见桃水禅师倒身便睡，而门人躺在臭气冲天的乞丐寮里，怎么样也无法安然入眠。

天亮之后，桃水禅师对门人说："今天不必出去乞食了，那位死了的同伴还剩有一些食物，可以拿来吃。"桃水禅师吃得是非常香甜可口，可是门人看着脏碗、脏食物，却一口都吞不下去。

桃水禅师这时就说："这里的天堂是你无法享受的，你还是回到你的人间去吧！请不要将我的住处告诉别人，因为住在天堂净土的人，不希望被人打扰。"

◎养心法语 ————————————————————

在一位真正禅者的眼中，天堂净土在哪里？卑贱的工作里有天堂净土；境随心转里有天堂净土；爱人利物里有天堂净土，化他转境里也有天堂净土。原来，天堂净土是在禅者的心中，不在心外。

心离语言相

　　大颠宝通禅师前去参访石头希迁禅师。

　　石头希迁问："哪个是你的心？"

　　大颠禅师答："见语言者是。"

　　"有见有言即是妄心，在言语的上面还见不出你的真心！"石头禅师不以为然地斥责。

　　大颠非常惭愧，从此日夜参究，什么才是自己的真心。又过了好几天，大颠禅师又来请示。

　　石头禅师又问："什么才是你的真心？"

　　"扬眉瞬目。"

　　"除却'扬眉瞬目'以外，你再说一个什么是你的真心？"

　　"这样的话，我没有心可以拿得出来了！"

　　石头禅师朗声说："万物原来有心，若说无心，尽同毁谤。见闻觉知，固是妄心；但若不用心，又如何悟入？你不用见闻觉知的心，又怎么能悟入真心呢？"

大颠禅师终于言下大悟。

◎ 养心法语 ————————————

　　所谓真心，是离一切相，离文字相，离语言相，离一切动作（扬眉瞬目）相，更要离一切虚妄心缘相。此离一切相之心体，说有即不对，说无也是过。正如慧能大师所说："不思善，不思恶，就恁么是上座的本来面目？"参禅者能否会意？

　　为什么禅师们常说，无心才是禅心呢？因为有心都是虚妄心。虚妄的心，时而天堂，时而地狱，每天从天堂到地狱不知多少来回。因此，禅者要能将自己安住于无心之处，正如《金刚经》云："应无所住，而生其心。"能在"山穷水复疑无路，柳暗花明又一村"中体会到禅味，在"贫无立锥之地"里找到栖身处，那就是禅心了。

当下见道

　　临济义玄禅师某次行脚到翠峰山，顺道参访翠峰禅师。初见面，翠峰禅师就问临济禅师："你从什么地方来？"

　　"我从黄檗希运禅师那里来。"

　　"黄檗禅师平常如何教导学僧呢？"

　　临济禅师回答："能用言语表达的，都不是真理。黄檗禅师从来不用言语教导学僧。"

　　翠峰禅师问道："什么都不言说，什么都不教导，那学生如何参学？"

　　临济禅师答："教导是有的，只是不同于一般言说；禅师有时扬眉瞬目，有时棒喝打骂。若论教授，一字也无。"

　　翠峰禅师又问："能否举个例子？"

　　临济禅师答道："我举不出例子，因为那是足迹所不能到达的境地，就如一箭射过西天。这一箭射到什么地方，实在不知道。"

翠峰禅师说："足迹不能到达，心念总可到达。"

临济禅师答道："如果一定要心念到达，那就有所偏差。因为有到达的地方，就有不到达的地方。这是分别心，不是真心，真心是包容十方的。"

翠峰禅师又问："如果完全封闭语言意念，那我们又如何见道呢？"

临济禅师答："当下见道！"

◎ 养心法语 ————————————————

禅，一再强调言语道断，心行处灭。因为灭绝你我对待，灭绝时空限制，灭绝生死流转，都不是言语可教，也不是足迹能到，甚至也不是心念所能想的。

所以，禅在哪里？禅超越有无，超越内外，超越知与不知，但禅也是无处不遍，无处不在的。正如诗云："尽日寻春不见春，芒鞋踏破岭头云；归来笑拈梅花嗅，春在枝头已十分。"

残缺的鬼

　　慧嵬禅师住在山洞里，他参禅打坐的时候，常有一些魔鬼来扰乱他。每当魔鬼现在他眼前时，他不但面不改色，毫无畏惧，而且对这些鬼怪说了很多赞美的好话。

　　比如说，有一次一个无头鬼在慧嵬禅师座前现身，他一见就说："这是什么东西？怎么没有头呢？其实，没有头也很好，以后就不会头痛，也不会胡思乱想，真是好舒服！"那个无头鬼听了，顿时消失。

　　又有一次，出现了一个没有身体，只有手脚的无体鬼，慧嵬禅师说："你没有身体，就不会有五脏六腑的疾病，也没有这许多痛苦，这是何等的幸福！"无体鬼一听，也突然消失了踪影。

　　有时候，没有口的鬼现身，慧嵬禅师就说："没有口最好，就不会恶口、两舌、妄言、绮语，不会因语言造业而受罪，更不会祸从口出。"

看到无眼的鬼，他就说："没有眼睛最好，免得乱看心烦。"

遇到无手的鬼，他就说："无手最好，就不会偷窃打人，不会做坏事。"

每当各种幽魂鬼怪出现，慧嵬禅师就说出类似这样的话，魔鬼就会销声匿迹了。

◎ 养心法语 ————————————————

一般人看到残缺的鬼，都会感到恐怖，但慧嵬禅师却说那样是多么幸福的事。能将祸视为福，能够转迷为悟，转秽为净，就是鬼也畏惧。

所以，无论是什么境界，我们都不用害怕，只要能以心来转境，不为境界所转，这就是禅心最大的用处。

威德与折福

南北朝时，有一位僧稠禅师住在嵩山，寺中有僧众百人，每天靠着一个自然涌出的泉水，作为日常饮用水。某天，忽然有个穿着污秽衣服的妇女，两腿夹住一只扫帚，坐在涌泉的石阶上听僧众们诵经。众人当她是疯子，齐力要驱逐她出去。这位妇女看到这种情形，心里非常生气，就用脚踢泉水，泉水立刻枯竭，她也随之不见。

当时在旁的僧众非常惶恐，大家知道闯祸了，便将此事一五一十地告诉僧稠禅师。禅师面露笑容，从寺里慢慢地走出寺外，然后呼唤三声："优婆夷！优婆夷！优婆夷！（指在家学佛的妇女）"

话音甫落，刚才那位衣衫褴褛的妇女应声出现，禅师对她说道："众僧正在行道，你应该善加护持，不可骚扰！"

优婆夷于是用脚轻轻地撩动一下枯竭的涌泉，水又冒上来了，此时大家都很敬佩僧稠禅师的威德与神异。

后来，齐文宣帝每逢办完了国事，都带着卫士到寺里参谒问道，但是每次僧稠禅师只是任由文宣帝来来往往，却从来不曾迎送过一次。由于经常如此，弟子们有的看不过去，便劝谏说："禅师！陛下降临礼佛，对佛法的弘传大有帮助，而禅师您却从不迎送，恐怕会遭受非议吧！"

僧稠禅师不以为然地说道："从前宾头卢尊者有一次迎王七步，致使国王蒙难七年。我的道德虽然比不上，但我不能使皇上折福。"

◎ **养心法语** ————————————

论一般世俗的看法，齐文宣帝是皇上，但在真理的国度里，僧稠禅师是当时的法王，皇上与法王，究竟谁才是最尊贵的？

在僧稠禅师前不久，东晋慧远大师正在倡导"沙门不敬王者"，他有名的高论是："袈裟非朝廷之服，钵盂岂庙堂之器？"僧稠禅师不迎王者，大概就是这个意义了。

人面疮

　　悟达知玄禅师还是云水僧时，有一天途经京师，看到一位西域僧人身患恶疾，无人理睬，于是就耐心地为他擦洗敷药，照料他的疾病。病僧痊愈后，就对悟达禅师说："将来你如果有什么灾难，可以到西蜀彭州九陇山间两棵松树下面找我！"

　　多年后，悟达禅师的法缘日盛，唐懿宗非常欣仰他的德风，备极礼遇，特尊为国师，并钦赐檀香法座，禅师自觉尊荣，心生骄慢。不久，禅师膝上忽然长了个人面疮，眉目口齿皆与常人无异。国师遍求群医，都无法根治，正束手无策时，忽然忆起昔日西域僧人的话，于是就来到九陇山，并道明来意，希望能解除人面疮的痛苦。

　　西域异僧指着松树旁的溪水说："不用担心，用这清泉可以去除你的病苦。"

悟达国师正要掬水洗涤疮口时，人面疮竟然开口说话："慢着！你知道为什么你膝上会长出这个疮吗？西汉史书上记载袁盎杀晁错，你正是袁盎来转世，而我就是当年被你屈斩的晁错，十世以来，轮回流转，我一直在找机会报仇，可是你十世为僧，清净戒行，我苦无机会下手。直到最近你因为集朝野礼敬于一身，起了贡高我慢之心，有失道行，我才能附着你身。现蒙迦诺迦尊者慈悲，以三昧法水洗我累世罪业，从今以后不再与你冤冤相缠。"

悟达国师听后，不觉汗如雨下，连忙俯身捧起清水洗涤，突然一阵剧痛，闷绝过去，苏醒后，膝上的人面疮已不见，眼前也没有什么西域异僧了。

◎ **养心法语** ——————————————

三世因果业报，历历分明，谁也逃脱不了。虽然自性上没有罪业可言，但在事相上因果俨然，丝毫不爽，所谓现报、生报、后报，但不会不报，只有广做善事，多结善缘，忏悔消业，灭罪离愆，才能得救。

悟达国师得遇圣僧迦诺迦尊者，是昔日善心所感，才获此神水去疮，解冤消业。后来悟达国师作《水忏》流行于世，普劝世人"但愿随缘消旧业，更莫招愆造新殃"。三世业报，可不慎哉？

咸淡有味

以艺术家身份出家为僧的弘一大师，是近代佛门里非常有修行的一位大师。他安贫乐道，过着既是禅也是艺术的生活。我们从他的生活里，可以看出他在艺术的境界和禅的体验。

有一天，有名的教育家夏丏尊去拜访他，看到大师吃饭的时候，只有一碗咸菜配饭吃。

夏丏尊看到这种情形，很不忍心地说："难道您不嫌这咸菜太咸吗？"

弘一大师毫不介意地说："咸有咸的味道。"

饭后，弘一大师倒了一杯开水，夏丏尊又皱起眉头说："连茶叶都没有吗？您每天都喝这种平淡的开水？"

弘一大师笑着又说："淡有淡的味道。"

有一次，弘一大师住在一个小客栈里，夏丏尊发觉床上不时有跳蚤、臭虫跳来跳去，忍不住抱怨说："这家客栈臭虫这么多！"

弘一大师说："不多，几只而已。"

弘一大师用的毛巾已经很破烂了，夏丏尊说要送他一条，大师连忙说："不用，不用，这毛巾才用十年，还可以再用几年。"

◎养心法语 ——————————————

弘一大师出家后的生活，我们可从他对夏丏尊所说的"咸有咸的味道"，"淡有淡的味道"，了解弘一大师无论在什么情况之下，他都觉得"有味道"，因为他有禅，有了禅就可以转化一切境界，丰富他的生活。

弘一大师一生的生活，无处不是味道。一个有臭虫的小旅馆，他可以当成是净土，这种"随遇而安"的"随缘"生活，正是禅者的最高境界。

还重吗？

韩国的镜虚禅师，九岁时就依止清虚寺的桂虚禅师出家，三十四岁听到一沙弥问"牛无鼻孔处"而大悟，此后二十余年，广设禅院，为今日韩国曹溪宗奠定重要基础。

有一次，他带着出家不久的弟子满空，四处云水行脚，弘法度生。一路上满空都在嘀咕，嫌背负的行囊太重，不时要求师父找个地方休息一下。镜虚禅师从来不肯答应徒弟的要求，总是精神饱满地向前行走。

有一天，师徒二人经过一个村庄，见到一位妇女。镜虚想借机给徒弟一些启示，于是他忽然趋前握住这名妇女的手和她说话。妇女大惊，叫了起来，邻居闻声出来探视，见有妇女被人调戏，大家齐声喊打。

身材高大的镜虚禅师立刻掉头就跑，徒弟满空只得背起行囊随着师父飞奔，师徒两人一连跑过几个村庄，见后面再没有人追赶，才在一条寂静的山路旁停下脚步。

这时，镜虚回过头来问徒弟说："你现在还觉得行囊沉重吗？"

满空回答："好奇怪，刚才一心随着师父往前奔跑，背上的行李一点都不觉得重了。"

◎ 养心法语 ————————————————

由此可知，"轻"、"重"是自己心理上的感觉。如果我们对自己的前途、目标缺乏信心，那么嫌远、嫌难、嫌重是必然的；如果对自己的前程有坚毅不拔的信心，有眼光、有担当，任何艰难、挫折、辛苦，都不会承受不得。所以，锻炼坚强的意志，训练禅心的力量，是很重要的。

最具魅力

有一位女施主家境非常富有，不论是财富、地位、能力、权力，甚至美丽，都没有人能够比得上。可是，她不快乐，每天都是郁郁寡欢，连一个喜欢和她谈话的人也没有。于是，她去请教无德禅师，如何才能具有魅力，以赢得别人的喜爱。

无德禅师告诉她说："如果你能随时随地和各种人相处、合作，和别人一样有慈悲的胸怀；讲一些禅话，听一些禅音，做一些禅事，用一些禅心，就能成为有魅力的人了。"

施主接着问："怎么讲才叫作禅话呢？"

"所谓禅话，就是要说别人欢喜听的话、说真实的话、说谦虚的话、说幽默的话、说利人的话。"

"禅音又是怎么听呢？"

"禅音就是要化一切音声为微妙的音声，把辱骂的音声转为慈悲的音声，把毁谤的音声转为鼓励的音声，对哭闹声、粗声、丑声，你都能不介意，那就是禅音。"

"禅事该怎么去做呢？"

"禅事就是布施的事、慈善的事、服务的事，合乎佛法、有益于社会、国家、人间的事，就是禅事。"

"禅心又是怎样用的呢？"

"禅心就是你我一如的心，圣凡一致的心，包容一切的心，普利一切的心。"

女施主此后一改富家骄气，不再夸耀自己的财富，也不再自恃美丽，更不再盛气凌人，待人总是谦恭有礼，体恤关怀。很快地，大家都喜欢她、亲近她、赞美她，成为最具有魅力的女施主。

◎ **养心法语** ——————————

禅，不是理论，禅是生活。有了禅心、禅事、禅音、禅话，那真是法力无边，自他欢喜，所到之处，大家都乐意亲近。有了禅，在人人尊，在处处贵，有禅的人生，前途是无往不利的。

置之死地而后生

　　有一位来自琉球的学僧，怀抱着满腔的热忱与信心，不远千里前来中国参礼遂翁禅师，跟随他参禅求道。

　　在道场参学的过程中，学僧日日随众出坡，勤劳作务，把握时间坐禅，精进参究，却始终参不出一丁点消息。寒来暑往，年过一年，学僧逐渐心灰意懒，甚至萌生放弃参学的念头。

　　"禅师，我要离开了！"学僧向遂翁禅师告辞。

　　遂翁禅师拍拍学僧的肩膀，又是安慰又是激励地说："不急，不急，再参七天就好了。"

　　七天以后，学僧还是参不透，沮丧地说："我想离开，不参了。"

　　遂翁禅师还是说："忍耐一下，七天吧，再参七天。"

学僧忍耐又忍耐，过了七天又七天，四十九天过去，学僧始终没有开悟。他垂头丧气，低声地对禅师说："我还是参不出一点消息来！"

遂翁禅师仍然说："再过五天吧！"

就这样，学僧天天死命地参究，日复一日苦苦地参究着，遂翁禅师则在一旁观察，不时地劝慰挽留："再三天！""再一天吧！"

学僧就问道："如果最后一天了，不开悟怎么办？"

遂翁禅师收起过去温和的神情，一脸严厉地说："如果再不开悟，只有死，不能再活！"

学僧心想，这可不得了，再不开悟，只有死啊！他抱着"置之死地而后生"的心态，集中意志参禅。

就在这最后一天，学僧猛然想起遂翁禅师讲的"再不开悟，只有死"这句话来，就在一念专注、旋乾转坤的时候，忽然间虚空粉碎，豁然开朗，学僧终于悟道了。

　　一个人的耐心不够，不论做事业也好、读书也好、修行也好，是不会有成就的。青年人总是等不及瓜熟蒂落，希望一切速成，就像时下速成的食品、速成的用物，总是不能耐久。

　　这位禅僧一直到被老师逼至死地之后，参禅才终于有点消息，好在这位青年学僧还能接受师教，否则一个七、二个七都熬不下来，还谈到什么开悟呢？

　　悟的时候，就好像迷妄的虚空，忽然爆碎了，一个金光灿烂的世界呈现在前面，这也就是"打破虚空笑满腮，玲珑宝藏豁然开"了。

哪个是真身？

　　朝宗通忍禅师为明末清初的僧人，年少时，跟随靖江今长生庵的独知禅师剃度出家，二十二岁听到"无生"之说，心有所感，于浙江金粟寺参谒密云圆悟禅师，并且担任他的侍者。几年后，得到圆悟禅师的印可。

　　清朝顺治年间，朝宗通忍禅师于宝华山担任住持，当时座下有一位禅者问朝宗通忍禅师："倩女离魂，究竟倩女是真身呢？还是幽魂是真身？"

　　这位禅者所提的"倩女离魂"，指的是元代作家郑光祖根据唐代传奇《离魂记》改编的杂剧故事。故事大意是说：

　　　　书生王文举与衡州张公弼的女儿倩女，从小指腹为婚，张母因王文举未有功名，不肯答应将女儿嫁给王文举。文举无奈进京应考，没想到倩女赶来相会，愿一同赴京。然而，文举看到的其实是倩女的魂魄，真正的倩女正在家中卧病。后来文举及第，二人一同返乡。这时候，倩女的魂魄也与病榻上的倩女合而为一，最后与文举正式成亲。

禅者问朝宗通忍禅师究竟何者是真身的话之后，就等着禅师回答。没想到，朝宗通忍禅师并不予以理会，二话不说就离开了。这位禅者不明所以，站在原地发愣。

然后，走没多远的朝宗通忍禅师，突然回头对着还在发呆的禅者大声问道："喂，你明白不明白啊？"

就在禅者还愣愣地不知如何回应之时，朝宗通忍禅师轻轻地在他耳边说："告诉你，管她是真身，管她是幽魂，女性，是不能私自与人约会的哦！"

◎ **养心法语** ————————————————

　　禅门虽然以密语、密意来心心相印，所以不一
定说出口，或明白的说明。但是禅实在是坦荡荡的，
一切明白，一切现成，不容许画蛇添足。

　　这虽然是一则元代郑光祖所撰写的《倩女离魂》
故事，在公案中却把痴男怨女的事情，拿来论道谈禅，
其实真正的禅者会不认识倩女、幽魂吗？如果将倩女
和幽魂分开来说，就犯了禅门的大忌，因为禅门讲一
心不二，又怎么可以自己把它分成二个呢？

　　学佛，要学得快乐洒脱，充满法喜，
不要关闭自己，把自己阻隔于山河大地之间。
　　学佛，要学得心包太虚，量周沙界，
不要拒绝世间，把自己孤立于人群社会之外。

为什么？

日本曹洞宗初祖永平道元禅师，在中国南宋期间，从日本远道而来到中土寻道求法。道元禅师一踏入大宋国土，便直接前往浙江天童山。

在天童参学初始，他因为求法心切，每天无不把握光阴，精勤不懈，埋首研读祖师大德的公案、语录。

有一天，寺里来了一位四川云游僧，与道元禅师相谈甚欢。这位云游僧见他努力研读祖师语录，于是问："你这样勤读古人的语录有什么用处呢？"

道元禅师笃定地回答："为了明白祖师的行谊。"

云游僧又问："知道了又怎么样？"

道元禅师进一步解释："以后我回到日本，就将此行谊风范教化后人呀！"

云游僧不以为然地反问道元："你去跟大家讲说了之后，又会如何呢？"

道元禅师有些迷惑了，他很不确定地说："为了……为了要救度众生。"

云游僧睁大眼睛，直逼一句："那究竟又如何呢？"

道元禅师被这最后一句问得哑口无语。从此之后，他不再看祖师的语录，就只是坐禅而已。

道元禅师后来回到日本，做了住持之后，有寺众向幕府将军化缘了二千石的道粮，道元禅师就问这僧人说："你募集这么多的道粮做什么？"

年轻的禅僧说："可以供养大众啊！"

道元禅师又问："你供养大众了又怎么样呢？"

年轻的禅师答："我可以成就他们，将来弘法利生。"

道元禅师再大声地问："你成就他们弘法利生了，之后又怎么样呢？"

这禅僧终于不知所对。

◎养心法语 —————————————————

禅，不是单纯的，所谓"参究"，就是要不断地打破沙锅问到底。世间上，再简单的问题，只要连续问上几个"为什么",就难以再回答。

例如:"你为什么吃饭?""为了肚子饿。""肚子饿为什么要吃饭?"接下来就不容易回答了。所以禅门不仅要人知其然,还要知其所以然。

在云游僧不断的追问下,道元禅师终于从祖师语录的话头禅里走了出来,进入了心地参究。要知道,凡事必须从悟境里才能得到消息啊!

天上地下无弥勒

　　云居道膺禅师是唐代的僧人，俗姓王，蓟州玉田（今属河北）人。二十五岁于范阳（今河北涿县）延寿寺受具足戒，为洞山良价禅师的法嗣。云居道膺禅师后来在洪州（今江西南昌）的云居山弘扬禅法，住山三十余年，徒众多达一千五百人。

　　有一天，良价禅师举了一则公案：

　　南泉普愿禅师问一位座主："你讲的是哪一部经？"

　　这位座主回答："《弥勒下生成佛经》。"

　　南泉普愿禅师又问："弥勒菩萨什么时候会下生人间？"

　　座主回答道："弥勒菩萨目前在兜率天宫，当来下生。"

　　南泉普愿禅师微笑着说："天上无弥勒，地下无弥勒。"

于是，云居道膺禅师便就着这一则公案，向良价禅师参问："请问，天上无弥勒，地下无弥勒，不知道是谁给他安名的呢？"

　　良价禅师被云居道膺禅师这么一问，大为震动，惊叹地说："道膺阇黎！我当初也这样问过云岩老人（即云岩昙晟禅师），今天又听你这么问，真叫我通身流汗。"

　　接着，良价禅师就说："现在，我反问你：弥勒不在天上，不在地下，究竟在哪里呢？"

◎ **养心法语** ————————————————

　　经典里记载，弥勒菩萨是"当来下生"，但是菩萨都已经证悟了自性，自性是遍满虚空、充塞法界的，哪里有天上、地下之分呢？所以，到处都是天上，到处也都是地下，只要能安住，那就是天堂佛国了。

地藏被偷

唐朝广州文殊院的圆明禅师，俗姓陈，福州人，是福州长庆大安禅师的法嗣弟子。文殊圆明禅师最初在大安禅师座下参学，领悟法义之后，又到雪峰义存禅师处请益。他觉得在两位大德处得到的佛法没有什么不同，因此又到五台山参访。他在此亲见文殊菩萨化现，不禁深受感动，从此便在各地随缘建寺，并且以"文殊"为寺院名。

有一天，枢密使李崇矩到南方巡视，顺道经过圆明禅师所在的寺院。他走进寺院，抬头一看，见殿里供奉着地藏菩萨圣像，就问寺里的僧人："文殊院里怎么是供奉地藏菩萨呢？"

寺僧说："因为文殊菩萨帮地藏菩萨到地狱弘化度众去了，文殊菩萨请地藏菩萨协助启示众生的智慧，这二者是不分家的啊！"

李崇矩又再问："那地藏菩萨摊开双手是什么意思呢？"

寺僧答："他手中的珠子被盗贼偷走了。"

李崇矩对于寺僧的回答，感到非常奇怪，回头问圆明禅师说："既然是地藏菩萨，为什么还遭小偷呢？"

圆明禅师说："现在已经抓到偷珠子的人了。"

李崇矩问："那是谁？"

圆明禅师微笑说："那就要请问李大人自己了。"

李崇矩闻言，当下若有所悟，于是礼拜禅师，然后辞别而去。

◎养心法语 ————————————

中国大乘佛教以四大菩萨来代表，所谓悲智愿行，就是观音、文殊、地藏、普贤。菩萨道没有分你我，本是一体，每一位菩萨都是"悲智愿行"。所以，文殊院供奉地藏王也没有奇异。

地藏王摊开双手有各种意义：一是示意文殊的智

慧广大；二是示意观音的慈悲无边；三是示意普贤的大行深广；四是示意地藏的愿力无穷。摊开的双手，不都已经把悲智愿行表达得那么清楚了吗？如果不能了解，寺僧只有说珠子被偷了去。当李崇矩发觉被偷了，不就会自己找回来吗？还要多问些什么呢？

沉香树活了没？

有一天，几位年轻的学僧随同佛光大觉禅师在庭院跑香走路。走着走着，大觉禅师忽然停下脚步，问道："日前，庭院里新栽了两棵沉香树，你们有看到活了没有？"

众弟子一听，面面相觑，心想禅师怎么忽然提起二棵沉香树，都茫然不知如何回答。

其中，甲僧先说："有吗？哪里种了沉香树？"

乙僧接着问："是听过有说要种沉香树，已经种了吗？"

丙僧则回答："树既然种了，还会不活吗？"

丁僧说："那可不一定，已经种下的树，枯死的也很多。"

大家七嘴八舌，实际上也不知道树究竟有种没有种？有没有活？只是空话一番。

大觉禅师再问："沉香树没有活吗？"

众人还是不知如何回答。

大觉禅师叹了一口气，说："树，活不活，这不重要；看起来，你们大家心中的法水不够，这才是问题！"

◎ 养心法语

寺院又称"丛林"，表示寺院周遭树木参天，具有山林特色。丛林，又表示僧众聚集像林木耸立，大家共住修行。所谓"十年树木，百年树人"，不管人也好，树也好，都需要成长。想成长，树木要水分，人要佛法，唯有法水流长，才有佛日增辉的时候。

心生则万法生，心灭则万法灭。禅师问庭院里的沉香树木活了没有，不用说，这是禅师在问大家，心地种植的佛法成长了没有。徒众学生不能了解禅师的心意，大觉禅师只有把底牌说出来，所以，心中的法水不够，沉香树木就不容易生长喔！

不怕死的和尚

　　元朝末年的碧峰宝金禅师，人称金碧峰，是乾州永寿（今属陕西）人，俗姓石，六岁出家。年少就非常聪明，及长，辩才无碍。受具足戒后，前往缙云真禅师处参学，请求开示法要。心中起大疑情，废寝忘食参究达三年之久。一次，听到伐木的声音，忽然有所省悟，并且说："父母未生前的本来面目，今日方知。"

　　开悟后的金碧峰禅师四处云游，来到了宣州（今安徽宣城）。当时，朱元璋还在打天下，对于未来的帝王大业要定在哪一个地方还举棋不定，就有人告诉他说："你可以前往拜见金碧峰禅师。"

　　于是，朱元璋亲自上山寻访，金碧峰禅师只是端坐未加理会。朱元璋生气地怒喝一声，金碧峰禅师也呵斥一声回应。

朱元璋更生气了，说："你见过杀人的将军吗？"

金碧峰禅师也大声回答："你见过不怕死的和尚吗？"

朱元璋一听，转怒为喜，抱拳向金碧峰禅师作礼，并且请教禅师说："帝王之业，该在何处？"

金碧峰禅师回答："帝王只在一地，不若佛法能遍于虚空、充实法界。"

朱元璋又说："若就是一地，哪里为好？"

金碧峰禅师说："建康龙蟠虎踞，有帝王之气。"说后，就闭眼不言，朱元璋只得作礼而去。

后来，明朝奠基在金陵，当地盛传皆因金碧峰禅师之言也。

◎养心法语 ————————————

金碧峰禅师不是地理师，他说了建康，大概是因为靠近安徽，有地理之缘，同时又是六朝圣地。佛教是不看地理，也不看时辰的，因此"日日是好日，处处是好地"。人，只要心正，大地山河，都会随我们的心境所转。只是，朱元璋杀业太重了，影响后代子孙，甚至影响了天下江山。因因果果，果果因因，又怎么说呢？

关山说法

日本临济宗的关山慧玄禅师，他曾在大德寺宗峰妙超禅师（即大灯国师）门下学习，并且得到他的法要。后来到美浓国伊吹山筑草庵隐居，平日帮农民做工打杂，作为自己实证的修行功课。

几年后，大灯国师圆寂，关山禅师奉花园天皇的旨意，到京都妙心寺开山。左近的农民百姓听到这个消息无不惊讶失望，没想到这位平易近人的出家人，出身这么尊贵，却又这么谦虚没有架子。现在要离开了，大家心中为他欢喜，纷纷依依不舍地来向他告别。

有一对老夫妇平日与关山禅师相知相惜，也来到禅师的住处，请禅师为他们说法："禅师，今后要再见面恐怕是不容易了，请您为我们做最后的说法，让我们终身奉行吧！"

关山禅师一如往常地招呼他们说："好啊，好啊！请坐，请坐。"

两人坐定后，关山禅师口中喃喃地说："你们听清楚了，夫妻不是只有同床共枕才头碰头，既是夫妻，思想要连在一起喔……"

禅师一边说，一边摸着两个人的头。忽然"叩"地一声把他们俩的头撞在一起。

"哎呀，好痛，好痛！"夫妇二人不约而同地抱头大叫。

关山禅师哈哈大笑，说："记住了，就是它，这就是佛法，不要忘记了喔！"

老夫妇两人虽然喊痛，听禅师这么一说，也若有所悟，跟着哈哈大笑。这一撞，就成了关山禅师临行前为他们说的法。

◎ **养心法语** ─────────────────────

中国夫妻有的恩爱，有的同床异梦，但佛教不反对在家夫妻的婚姻生活。佛陀设教，有出家众，有在家众；在家众男婚女嫁，这也是很自然的事情。既然成为夫妻，并不是到了老年就分开，不同床共枕，各自分离。其实，思想、精神、信仰，才更要相连结在一起。

所以，所谓"少年夫妻老来伴"，尤其到了老年，虽然一般爱欲的生活减少了，但是共同的信仰、思想，不能有丝毫的分开喔！

先生尊姓

北宋的五祖法演禅师，四川人，为临济宗杨岐派白云守端禅师的法嗣弟子。

有一天，法演禅师上堂说法，为大家说了一个故事，他说：

老僧昨天进城办事，忽然听到不远处有锣鼓声传来，原来是一个戏棚子正在上演木偶戏。台上有各式各样的木偶，有的穿戴豪贵，有的衣衫破烂，有的丑陋不堪，也有的俊美秀丽。总之，高矮胖瘦，各有千秋。每个木偶都能说能唱，会哭会笑，生动不已。

正看得入神时，忽然发现布幔后有人在操纵木偶，口中配合着每个木偶的动作，模拟不同的声音对话。老僧看到这一幕，不禁感到佩服，等到这出戏中场休息，就到后台找那个人，问他："请问先生尊姓大名？"

不料，那个舞弄木偶的老先生冷冷地看了我一眼，呵斥说："老和尚！你看戏就好了，还问姓名做什么？"说完就不再理会我了，转过身去整理他的道具。我被他这么一喝，简直是无言以对，无理可申。

请问在座的各位，昨天老僧在城里跌了一跤，今天在法堂里，你们有谁能替我翻这个案吗？

大家听了面面相觑，无人回应。这时，有一位学僧走出来，说："所谓'人生如戏，戏如人生'，舞弄木偶的老先生本来就不把这件事当作一回事，禅师您偏偏要问他的姓名，岂不是戏中演戏，难怪被人呵斥了。"

法演禅师听了点头微笑："戏中雷声，好听、好听！"认可了这位青年学僧的回答。

◎ 养心法语 ————————————————

所谓禅者，对世间的事物都应有一些独特的见解，因此去询问耍木偶戏的老者尊姓大名，这就是没有意义的多此一举。演戏的老者倒也表现出本来

052

面目，看戏就看戏，何必还要涉及其他呢？法演自觉碰了钉子，没趣而归，想在禅僧大众里找出一点消息。青年禅僧虽说人生如戏，戏如人生，在戏外还演什么戏呢？法演禅师一听就赞叹"戏中雷声，好听、好听"，这也可见法演禅师的幽默了。

谁是佛？

朗州（今湖南常德）大龙山的大龙智洪禅师，又号"弘济"，得法于宋代白兆山安州（湖北安陆）的白兆志圆禅师。

有一天，一名叫承德的学僧来到大龙山向大龙智洪禅师请法。当他远远走来时，大龙智洪禅师对旁边的侍者说："佛来也！"侍者茫然，不能明白禅师的意思。

承德向大龙智洪禅师礼拜问讯，问道："请问老师，谁是佛？"

大龙智洪禅师沉默了一会儿，然后才说："你就是！"

承德一听赶快屈躬合掌："学人不敢！"说完之后，又直起身来，说："请老师告知，学生不知佛在哪里？"

大龙智洪禅师直捷地说:"因为你叫'承德',所以就不是佛了。"

承德听了似懂非懂,怀疑地问:"假如学人不叫承德,谁又是佛呢?"

大龙智洪禅师看承德还是未能领会,忽然大喝一声,说:"你是!"

承德被大龙智洪禅师这突如其来的一喝,终于有悟,当下欢喜礼拜而去。

大龙智洪禅师点点头,转头对侍者说:"佛去也!"

大龙智洪禅师的侍者终于了解到:如如而来,如如而去,原来,来去都是佛也!

◎ **养心法语** ————————————————

千经万论都指出,一切众生都有佛性,只因妄想执著而不能知道。就等于室中宝藏、衣里明珠,只是没有发现而已。假如大地众生都能回光返照,识得自己都具有跟如来一样的真如佛性,那么,这个娑婆世界还不能成为净土吗?

画圈圈

有一群禅僧前来参访杨岐方会禅师，向杨岐禅师请求入堂参禅。

杨岐禅师说："阵势刚做完，又生这许多杂事，你们如果是战将的话，要参禅到阵仗外面来讲。"

其中一位禅僧跨前一步，以坐具在虚空中画了一圈。

杨岐禅师说："这有什么了不起？"

禅僧又再画了一圈。

杨岐禅师说："一个坐具画一圈画二圈，又有什么意思呢？"

说完后，杨岐方会禅师便转身，不再理睬众人。

那位拿着坐具的禅僧，就把坐具丢出去，刚好披在杨岐禅师的背后。

杨岐禅师说："到前面讲话，不要在后面搞鬼。"

禅僧终于对杨岐的门风有所体会。

杨岐方会问："你对杨岐家风领会到什么程度？"

禅僧即刻说："就在这里！"说完，肃立合十礼谢禅师。

杨岐禅师点头认可说："以后遇到明眼人，要直截了当，不必玩别的花样。好了，坐下来喝茶吧！"

◎养心法语 ———————————————

　　一群僧人想来向杨岐方会禅师参访学习，他们的程度一定不齐，所以各有心机。当杨岐要他们到阵仗外来讲话，意思就是要他们不要躲在幕后。走出阵仗的禅僧是很勇敢，但也只能用坐具画它一圈。这是什么意思？杨岐要他解释。禅僧又再画一圈，杨岐禅师终于告诉他，一圈二圈是没有用的，意思是生气呢？是悟道呢？所以当杨岐转身的时候，禅僧把坐具挥了过去，杨岐方会终于正面开导，不要在后面玩鬼把戏，当面说就好。这一群禅僧终于肃然起敬，合十为礼，杨岐禅师便说："好了，坐下来喝茶吧！"这就表示接纳了他们。所以，禅门挂单又添新招术了。

心静身凉

　　唐朝的诗人白居易，是河南郑州人，晚年号香山居士。白居易经常到寺院参礼，与许多禅门的大德，像惟宽禅师、鸟窠道林禅师等都有来往。他一生的诗作很多，其中尤以讽喻诗最为有名，如实反映社会现象，语言通俗，明白易懂，被称为"老妪能解"，声名远播至西域、朝鲜、日本等。尤其在日本人的心中，白居易可说是唐代诗歌的代表人物。

　　有一天，白居易去拜访恒寂禅师，当时天气十分酷热，恒寂禅师却悠然安静地坐在房间内看经。

　　白居易忍不住说："禅师，房间太热了，为什么不找个凉快的地方读经？"

　　恒寂禅师淡淡地说："三界如火宅，娑婆如热炉，请问哪里清凉呢？"

　　白居易说："后院树下、水边凉亭，都比较清凉呀！"

恒寂禅师看看室内，又看看室外说："我也都到过，不过，我在房中心清自然凉。"

白居易为禅师的禅功深受感动，于是作了一首诗：

人人避暑走如狂，独有禅师不出房；

非是禅房无热到，为人心静自然凉。

◎养心法语 ————————————————

白居易号称"平民诗人"，平时修习净土，有诗云："余年近七十，不复事吟哦；看经费眼力，作福畏奔波；何以度心眼，一声阿弥陀；早也阿弥陀，晚也阿弥陀；纵饶忙似箭，不离阿弥陀。达人应笑我，多却阿弥陀；达也作么生，不达又如何？……"可见他对净土法门有甚深的信仰。他与恒寂禅师相遇，应该是在他信仰净土之后，总想到娑婆如热炉，净土清凉。净土在哪里？净土在心里，后来，白居易说了"心静自然凉"这一句话，在中华文化里成了不朽的名言。

水往高山流

　　石霜楚圆禅师，广西全州人。二十二岁于湖南湘山隐静寺出家，后参谒汾阳善昭禅师，在他座下参学七年而得法。之后开法于袁州（今江西宜春）南源山广利禅院，住了三年，在此除了阐扬禅旨，偶尔也会有禅者慕名前来试探他的禅功。

　　有一天，一位年轻的禅僧前来拜会楚圆禅师，探问道："什么是佛法？"

　　楚圆禅师回答："水往高山流。"

　　禅僧不明白，天真地再问："水都是往山下流，怎么会往山上流呢？"

　　楚圆禅师说："所以我说你不懂。"

　　禅僧点点头，继续提问："我不懂，那禅师您懂吗？"

　　楚圆禅师悠悠地说："我懂。"

禅僧进一步再问："那什么是佛？"

楚圆禅师对他眨了眨眼，说："山水往下流。"

禅僧立刻说："那是自然的事情呀！"

楚圆禅师说："所以我懂，你不懂啊！"

年轻的禅僧再问："请问禅师，那我怎么懂啊？"

终于，楚圆禅师说："截断众流，没有高低。没有流水，没有动静，那个时候，你可知道佛是什么吗？"

禅僧若然有悟。

◎ **养心法语** —————————————

春秋时代，有音乐家俞伯牙和懂得音乐的钟子期，彼此因通晓音律而成为好友。当时，伯牙在汉江弹琴，子期听到了，不禁叹道："巍巍乎若高山。"伯牙的琴音停了一下，又再响起，之后子期又再叹道："洋洋乎似流水。"伯牙立刻往前拜访钟子期，二人结为金兰。后来钟子期因病逝世，伯牙悲痛地将琴摔碎，誓言终生不再鼓琴。子期能听出伯牙的心意与琴音、大自然相融，难怪伯牙要引子期为知音了。

佛陀说："佛说的，即非佛说；即非佛说的，都是佛说。"所以，正面的、反面的，高处、低处，那边、这里，统统都灭除你我的对待，那么青青翠竹、高山流水，哪里不能见到佛？能见到佛的法身，那才是法身的自然世界喔！

好一座山

陕西西安的兴善惟宽禅师，浙江衢州人，出家后，最初研究律学，修习止观，并且参谒马祖道一禅师，在马大师的座下悟道。得法后，行化于浙江、苏州一带，曾经感得山神来到他的面前求受八关斋戒，后来驻锡嵩山少林寺阐扬禅法。

有一天，一位年轻的禅僧达清，前来向惟宽禅师参问："什么是佛陀真正的本来面目？"

惟宽禅师仔细端详了达清禅者，意有所指地说："好一座山啊！"

达清回答道："山是很多，但没有见到佛的样子啊！"

惟宽禅师微微一笑，又说："山很多，那不都是佛的样子吗？"

达清一听，若有所思。

惟宽禅师见达清有所疑惑，呵斥说："没有用的东西，不敢直下承担。"

达清到了这个时候，心里忽然明白，立刻端坐双手结印。

惟宽禅师一看，哈哈大笑说："佛也，佛也，本来面目也！"

◎ **养心法语**

佛陀是什么样子？佛陀是人，跟人的样子相同；但佛陀是佛陀，他的法身遍满虚空，充塞法界，又怎样才能见到佛陀呢？

现在，我们所见的佛陀相貌，都只是佛像。有的是行进中的佛陀，表示弘法度众；有的是吉祥卧，表示佛陀福慧圆满的涅槃像；有的是端坐思惟，那就是佛陀禅定的样子了。这一位年轻的禅者达清，经过惟宽禅师的呵斥，终于洞彻心源，因此马上做出禅定的样子。说来，这也应该算是进入禅门了。

法身会说法吗？

某天，有一位禅僧前去请问仰山慧寂禅师说："请问禅师，法身会不会说法呢？"

仰山慧寂禅师看了这名禅僧一眼，淡淡地说："你这个问题，我不会回答；不过，有一个人可以回答你。"

禅僧听了，满心欢喜地追问："能回答的人在哪里呢？还请禅师慈悲，解我迷茫。"

仰山慧寂禅师微微一笑，忽然把蒲团往外一推，然后站起身来，就走了出去。

这位禅僧一脸愕然，伫立在原地，良久之后，总算若有所会。

后来，有人将这件事告诉仰山慧寂禅师的老师沩山灵祐禅师。

沩山灵祐禅师听了，哈哈一笑，说："这样的问题是问不得，也无从回答起。实际上，寂子当下已回应他的问题了。寂子的回答，真是像剑锋一样锐利啊！把一些凡夫俗子杀得是片甲不存。"

◎**养心法语** ————————————————

连无情都会说法，法身又怎么不会说法呢？只是，对象在哪里？花草树木的开放与凋谢，让人生起兴衰之感，这不就是无情的花草树木在向你说法吗？看到雄伟的高山，你感到高山巍巍乎的伟大；看到滔滔的流水，你感到流水浩浩乎的无边，高山流水虽是无情的东西，但不都在跟你说法吗？

法身就是我们的自性，是我们的主人翁，法身遍满虚空，充塞法界。你在迷，就不知不觉，他不会跟你说法；如果真是时节因缘到了，你自己还不会跟自己说法吗？

学佛要学出欢喜，不欢怎能喜？

学佛要学成舍得，不舍怎能得？

明·尤求·寒山拾得图（辽宁博物馆藏）

十方共有

二〇一二年，台湾佛光山佛陀纪念馆终于落成开光了。自从开馆后，每逢假期，一天下来都有一二十万来参观的人，就是平常日，也会有三五万人前来。几个月下来，来自世界各地的参礼者已超过百万人次，佛馆成为台湾最热门的参礼景点，前来的民众无不为殊胜的设计、雄伟的建筑所摄受，而叹为观止。

许多人告诉馆长慈容法师说："现在台湾流行一句话：'你去过佛陀纪念馆了吗？'"好像没有到过佛陀纪念馆的人，就觉得自己没有赶上社会流行的风潮。

没有多久，问话的内容又变了，现在已改成问："你去过佛陀纪念馆几次了？"

这当中，也有许多寺院道场的僧众前来参礼佛陀纪念馆。他们问慈容法师说:"佛陀纪念馆是谁建的呢?"

慈容法师指着碑墙说:"这不是你们'千家寺院、百万人士'共成的吗?"大家面面相觑不能明白,于是慈容法师又再补充一句说:"不是佛陀和十方大众,还有谁来建佛陀纪念馆呢?"

◎ 养心法语 ─────────────────

很多人常问:"佛陀纪念馆是谁建的?"我总是回答道:"无我建的。"其实,无我就是大我。一般人行事经常标榜自己第一,但在佛陀纪念馆,真正成就的,是佛陀的威德和十方大众的力量,个人都不可以居功啊!因此,可以说,佛陀纪念馆是大众共有的,甚至说是属于全人类的,只要心存欢喜,佛陀纪念馆都应该有他一份。

自从二〇一二年十二月二十五日佛陀纪念馆落成开光以后,紧接着就是元旦新年、春节假期、以及法定连续假日等,每天有数百部的大巴士、数万部的自家车前来，让拥有三百部游览车和三千部小汽车停车位的佛光山，挤塞得几乎承受不了。

不过，比起佛住世的时候，如法华会上百万人聆听佛陀法音宣流的盛况，其实我们仍然有所不如。像当初灵鹫山上、祇树给孤独园中，频婆娑罗王、波斯匿王和许多闻法的僧信弟子，也是每天人来人往，川流不息。尤其频婆娑罗王下令号召村长（里长），率数千人集体皈依佛法，使得全国上下重视道德，社会和谐有序。现在，佛教能够如此古今辉映，这也是一种盛事啊！

卷二

人都欢喜追查自己本来的面目，但在纷扰的声色里，哪里能找到呢？只有到无形无相禅的世界里，才能找到自己的本来面目啊！

高僧真仪

　　唐朝的宰相裴休是一位虔诚的佛教信徒，也是有名的禅门大德。有一次，他到洪州（今江西南昌）开元寺，看见一幅壁画，就问："这是什么图相？"

　　寺僧回答："是高僧的真仪。"

　　裴休又问："真仪我是看到了，可是高僧呢？"

　　寺僧无言以对。

　　裴休说："不知寺里可有禅人？"

　　寺僧说："最近有一位来挂单的云水僧，好像是位禅僧。"

　　裴休于是请寺僧邀这位云水僧出来相见。

　　裴休说："刚刚我向寺僧请示的问题，不知可否请您开示？"

　　云水僧说："请裴相国发问。"

　　裴休正要开口，云水僧忽然高喊一声："裴相国！"

裴休随声应诺。

云水僧仿佛没有听到，只是追问："在什么地方？"

裴相国当下大悟，说："原来你就是高僧。"

随即拜此位云水僧为师。

这位云水僧不是别人，正是黄檗希运禅师。

◎ **养心法语** ————————————

世间的一切相，都只是一个形貌，这当中没有真实永恒的生命。我们的心，常常被这许多外在的事相所迷惑，所以吾人永恒的生命，反倒不能显现。

当裴休质疑"真仪我看到了，但高僧在哪里"，黄檗禅师不等他开口发问，忽然高喊裴相国，意思是，何必要问别人，到他处去寻高僧，自己为何不当下承担？而裴休果真也在当下找到了真实的自己。

裴休一生奉行黄檗希运禅师说的"不著佛求，不著法求，不著僧求，当作如是求！"不在形相上思量计较，而在形相之外去会得佛的慈悲，佛的威德，佛的感应，佛的自在。

著境见地

有学僧问苏州西山和尚："什么是祖师西来意？"

西山和尚就竖起他的拂尘作为回答，但学僧仍不知道是什么意思，就改亲近雪峰义存禅师。

雪峰禅师见到这位学僧就问："你从什么地方来？"

学僧答："我从苏州西山来。"

雪峰禅师："西山禅师好吗？"

学僧："我来的时候一切安好。"

雪峰禅师就问："那你为什么不随侍在西山禅师身边，向他学禅呢？"

学僧道："他是个不明白祖师禅的人。"

雪峰禅师再问："何以见得？"

学僧答："我请示他什么是祖师西来意，他只是把拂尘举起来示意，一句话也答不上来！"

雪峰禅师问："你见过苏州的男女吗？"

"见过。"

"你见过路边的花草树木吗？"雪峰又问。

"见过。"

"那么，你见到西山禅师举拂尘示意，其中的佛法你为什么不懂呢？你看到男人女人，男人女人没有开口，你就不晓得这是男人，这是女人吗？"

雪峰禅师继续开示道："你看到花草树木，花草树木没有和你讲话，你就不知道这是树木，这是花草吗？西山禅师不说话，难道你就不能知道他的意思吗？"

学僧听了这番话，顿然觉悟，连忙礼谢，并且惭愧地说："学生刚才出言不逊，乞求禅师慈悲，我这就回去向西山禅师忏悔。"

雪峰禅师这时候就说："尽乾坤是个眼，你向什么地方蹲着？"

◎ **养心法语** ————————————

学僧这时候没有地方蹲着，但他已经拥有了宇宙。肉眼是不能认识拂尘的，但有了慧眼，这位学僧便认识了乾坤，认识了宇宙。一心所悟，一念忏悔，尽乾坤大地都是佛法，所谓拂尘举示，他终于懂了。

待客之道

有一天，赵州从谂禅师正在禅床上养息，赵州城的赵王忽然来寺拜访。

赵州禅师请赵王到禅床边相见，然后说："大王，请恕我年纪老迈，身体也不太好，承蒙您专程来访，但是我实在无力下禅床来接待，请您不要见怪！"赵王听了以后，非但不责怪他，反而对赵州从谂禅师更加尊重，两人谈得非常投机。

第二天，赵王又派遣了一位将军，送来好多礼品给禅师。赵州禅师一听到是将军送礼品来，立刻下禅床，披上袈裟，亲自到门外去迎接。事后，弟子们十分不解地问禅师说："前天赵王来时，老师不下床接见；这次他的部下来，您反倒下了禅床，甚至还到门外去迎接。这到底是什么道理呢？"

赵州禅师解释说："我的待客之道，分上、中、下三等。上等客人来时，我睡在禅床上，用本来面目接待；中等客人，我到客堂里以礼相待；第三等客人来时，我就用世俗应酬的礼节，到门外去迎接。"

◎养心法语 ————————————————

有人曾经用"茶，泡茶，泡好茶；坐，请坐，请上坐"的话来嘲讽寺院知客僧的势利。其实，这并非势利，而是正常的人情之礼。

世间法，本来就是在平等法中示有差别。从禅心当中来看禅师待客，确实高妙无比。我们是用世间法做人处世，还是用佛法、禅心去做人处世？还是真俗二谛融和来处世呢？望有心人细细去参究。

茶杯不是茶杯

渐源仲兴禅师在担任道吾圆智禅师侍者的时候，有一次，他端茶给道吾禅师喝，道吾禅师就指着茶杯问他说："是耶？非耶？是邪？是正？"

渐源禅师就走近了一些，面向着道吾禅师，一句话都不说。

道吾禅师说："邪则总邪，正则总正。"

渐源禅师摇摇头表示意见，又说："我不认为如此。"

道吾禅师紧接着问："那你的看法是什么呢？"

渐源禅师就把道吾禅师手中的杯子抢到手里，大声反问："是耶？非耶？是邪？是正？"

道吾禅师闻言，不禁抚掌大笑，赞赏地说："你真不愧是我的侍者啊！"

渐源禅师便向道吾禅师礼拜。

　　所谓"邪人说正法，正法也成邪；正人说邪法，邪法也成正。"有些人天天说道，却破坏别人的信心；有些好打喜骂的人，却能助人入道，因此道吾禅师说"邪则总邪，正则总正"。

　　《金刚经》里提到，是佛法的，有时候不是佛法；不是佛法的，有时候都是佛法。就如布施、持戒是佛法，可是将布施任人乱用，那就不是佛法。又如只是呆板的持戒，执著于教条，行慈悲却不能给人方便，这些虽说是佛法也已不是佛法了。

　　若能体会宇宙万有都是"因缘生，因缘灭"，则不执断，亦不执常，能做如是会，则一切皆正。若将手中物执有、执空，则皆是邪。

　　说茶杯是茶杯，实在不是茶杯。你说这不是茶杯，是因缘所生法，也不必破坏它。渐源禅师以此见地反问老师，道吾禅师欣慰嘉勉，二人终于师资相契。

意在镢头边

　　唐朝的陆希声居士初访仰山慧寂禅师时，就问：
"三门俱开应从何门进入？"

　　仰山禅师回答："从信心门入。"

　　希声居士再问："其他二门要它何用？"

　　仰山禅师随即回答："亦可从其门而入。"

　　希声居士接着问："究竟要从何门进入？"

　　仰山禅师答："从慈悲门进入，或智慧门进入皆
可以。"

　　希声居士仍然追问："另一门如何进入？"

　　仰山禅师就说："一门即可，还要二门、三门做
什么？"仰山禅师的意思是：佛法一门即可，就算
从三门进来也是一门。因为信仰里面有慈悲、有智
慧，慈悲里面有信仰、有智慧，智慧里面也是有慈悲、
有信仰。信门可以入佛，慈门可以入法，慧门也可

以入僧。所谓佛法僧三宝，每一法门皆是宝。

陆希声居士又再问："不出魔界便入佛界如何？"

仰山禅师点头三下，陆希声礼拜，拜毕又问："禅师你持戒否？"

仰山回答："不持戒！"

希声再问："坐禅否？"

仰山禅师回答："不坐禅！"

陆希声沉思良久，仰山禅师问："你会吗？"

陆希声想了想，答："不会。"

仰山禅师就说了一首偈语："滔滔不持戒，兀兀不坐禅。酽茶三两碗，意在镢头边。"

◎ 养心法语 ————————————————

语云"条条大路通长安"，亦即"门门皆可入佛道"的意思。但是要进入佛道，首重持戒参禅，而今仰山禅师说不持戒、不参禅，这不是叛逆吗？实则不然。看起来，不持戒、不参禅，是否定的，实际上否定就是肯定。因为戒律重规划、重仪制，凡

083

事可与不可，有严格的规定。禅学则重解脱、重超越，不为一般形式观念拘束，甚至魔来魔斩，佛来佛斩。

仰山禅师先否定了一切以后，另有一个肯定在，所以又说"酽茶三两碗，意在镬头边"，这就是说真正的禅者风姿，不离喝茶、作务的平常生活面貌。

谁知道你？

　　有一位参禅的比丘尼向龙潭崇信禅师问道："禅师，请问我要如何修持，下一辈子才能转为大丈夫相呢？"

　　崇信禅师没有直接回答她的问题，反而问她说："你出家受戒为比丘尼，已经有多久的时间了？"

　　比丘尼不解地问崇信禅师说："过去出家有多久，这与未来有什么关系？我现在要问的，只是想知道：我将来是不是有转女成男的一天呢？"

　　崇信禅师就很幽默地问："那你现在是什么呢？"

　　这位比丘尼有点生气地说："我是女众啊！难道禅师看不出我是一个女众，我是一个比丘尼吗？"

　　崇信禅师反问："你是女众吗？谁知道你是女众？"

　　比丘尼听了终于大悟。

　　崇信禅师最后这句当头棒喝的问话，令这名比丘尼言下有省。其实，女众剃了发，就是现大丈夫相了，何必另外再去找一个大丈夫相呢？再说男女相只不过是假相，在我们平等的觉性上，哪里有什么男相女相的分别？就因为被男女相所迷惑，所以我们才不能认识自己的本来面目。

　　本来面目不是用肉眼去观看的，而是要从内心上去修证体会的。《金刚经》不是说："凡所有相，皆是虚妄"，所以要紧的是，不要在世间事相上的差别去计较、去执著、去分别。我们对于世间的一切事相，要用平等心，用禅心去观照，这世间是属于有禅心、有平等心之人所拥有的。

求人不如求己

有一天，金山寺的佛印了元禅师与大学士苏东坡在郊外散步，看到路边有一座马头观音石像，佛印立刻向前合掌礼拜。

苏东坡突发奇想地问："观世音菩萨本来是我们礼拜的对象，为什么他的手上也拿着一串念珠？他好像也在合掌念佛，他拿着念珠究竟在念谁呢？"

佛印禅师说："这要问你自己。"

苏东坡说："我怎知观音手持念珠念谁？"

佛印禅师说："求人不如求己。"意思是，念观音、求观音，不如自己做个观世音。

◎养心法语 ────────────

学佛，其实就是学自己，就是完成自己。禅者有绝对的自尊，大多数的禅者都有"放眼天下，舍我其谁"的气概。禅师们所谓"自修自悟，自食其力"，都是学禅者的榜样。

我们往往不知道自己内心有无尽的宝藏，不求诸己，但求诸人，希望得到别人的关爱、提携和赐与。因为对外境、对别人有所求，求不到的时候，就会灰心失望，这就是内心贫穷，不知道自己的富有。

一个没有力量的人，怎么能够担负责任？禅者知道自己的内心，顶天立地，和三世诸佛平肩并坐，就会有所作为。

经常流泪的人，怎能把欢喜传达给别人？经常痛哭的人，怎能给别人快乐？自忖力量很小，又怎肯为人服务？儒家说："不患无位，患所以立。"只要自己条件具备，其实不必向外祈求。观世音菩萨手里拿着念珠，称念自己的名号，这就是求人不如求己。

我们如能用禅心、禅眼，去想、去看这个世界，一切都是我们的。

我往西方走

南宋玉泉道悦禅师曾任镇江金山寺的住持，他是岳武穆王（也就是名将岳飞）最尊敬的高僧。

当岳飞被秦桧以十二道金牌从河南开封朱仙镇召回时，途经金山寺。道悦禅师曾劝岳飞出家为僧，不要回京，但是忠心耿耿的岳飞明知此行不利，还是坚持南归。

临行前，岳飞请求开示。道悦禅师指示道："岁底不足，谨防天哭。奉下两点，将人害毒。"

岳飞当时不知其意，直到被诬下狱，含冤遭毒时，方才悟解。那年的十二月是小月，只有二十九日，当天晚上又下起雨来。听到雨声，岳飞已预知大难临头，一切正好应了道悦禅师的偈语，奉下两点是"秦"字，意指奸相秦桧。就在这一天，岳飞被秦桧害死在风波亭。

岳飞死后，秦桧问刽子手："岳飞临终可有遗言？"

刽子手答："他只说了一句：悔不听金山道悦禅师之言！"秦桧得知此事，马上派遣亲信何立带兵前往金山，捉拿道悦禅师。

就在何立到达金山寺的前一日，道悦禅师聚众说法，最后说了四句偈语："何立自南来，我往西方走；不是法力大，几乎落他手。"

语毕，即时坐化。当时大众不明就里，既悲戚又莫名其妙。

次日，何立率兵而来，大家这才恍然明白个中原因。

◎ 养心法语 ————————————

道悦禅师既能预知岳飞的生死，当然也会知道自己的生死，为什么禅师不珍惜自己的生命，逃避生死？盖因生死业力不可逃避也！岳飞逃不过命中的定业，道悦禅师当然也逃不过生死的业力。

悟道的禅师虽不免业报牵引，但悟道后已无惧于生死。生固然很好，死亦美也，禅者早已看破。

一指禅

有一天黄昏，下着毛毛细雨，实际比丘尼来到金华俱胝禅师所住的庵里。她没有经过通报，也不脱掉斗笠，径自进入禅堂里，持着锡杖绕俱胝禅师的禅座三匝，并且对俱胝禅师说："你若说得有道理，我就脱下斗笠。"

她一连问了三次，俱胝禅师却连一句话也答不出。实际比丘尼生气了，便拂袖欲去，俱胝禅师觉得非常惭愧，就礼貌地说："天色已暗，且留一宿吧。"

实际比丘尼停下脚步说："你说得有理，我就留下来。"

俱胝禅师仍不知该如何回答才是说得有理。

后来，杭州天龙禅师光临此地，俱胝禅师就把实际比丘尼问话的经过告诉天龙禅师，天龙禅师竖起了一根指头开示，俱胝当下大悟。

从此以后，俱胝禅师凡是遇到有人请示佛法禅道，他便竖起一根指头，所有来参访的学僧都因此而有所契悟。

俱胝禅师座下有一个沙弥，他也学着老师的样子，凡是有求道者来请法，只要俱胝禅师不在寺里，沙弥也不管人家问什么，就学着师父竖起一根指头。

有一天，俱胝将沙弥叫到法堂，问他："你也懂得佛法？"

沙弥答："懂得！"

俱胝禅师问："如何是佛？"

沙弥很自然地竖起一根指头，俱胝禅师就拿起剪刀，将沙弥的手指剪断，沙弥痛得大声怪叫，俱胝禅师喝问："如何是佛？"

沙弥又想竖起一指，猛然不见指头，当下大悟。

◎ 养心法语 ——————

"你说得有道理，我就脱下笠帽"，其实真理并不是说的；若有言说，皆非真理。俱胝的无言不是不说，只是想说而不知如何说。一有思想分别，则离禅更远了。当然能够对机一说，相似一说，或能沟通彼此。等天龙禅师竖起一指，俱胝禅师方知真理是一，此外无二亦无三，从此以后俱胝禅师以一指传授学人。

沙弥也依样画葫芦，妄竖一指，便使禅落于无知的形相。而俱胝禅师的一剪，剪断他的形相，从有形到无形，从有相到无相，以此会归于禅，因此沙弥也能契入了。

借住与你

云溪桃水禅师是禅林寺的住持，但常常在外云游，过着云水僧的生涯，所以大家都称他为"叫化子桃水"。

有一次，桃水禅师云游至京城时，在一位有钱人家的仓库旁，搭了一座小茅棚，以贩卖草鞋过生活。对街住了一个赶马车的车夫，某天兴冲冲地跑来对桃水禅师说："禅师！昨天我驾着马车送一位信徒到寺院礼佛，寺院的知客师父送我一幅弥陀佛像，我想敬奉给您礼拜，跟您结个佛缘好吗？"

桃水禅师非常高兴地回答："真是谢谢你的好意！"说着就把画像挂在墙上，并用黑炭题上赞词：

虽嫌斗室小如窝，借住与你阿弥陀；
他日我若到你处，望借莲台做我窝。

与"叫化子桃水"禅师一样在乞丐群中修持的大灯国师，因染有痼疾，使得一条腿不方便，终年无法盘坐，他临终前说："从前都是我听你的，这次你得听我的了！"说完一下子就把腿折断，想要结跏趺坐往生。正当此时，桃水禅师来了，把他供养的弥陀佛像送给大灯国师，并对他说："知道你即将往生佛国，不知你是否认得净土的主人阿弥陀，故特地送你圣像一尊，免得见面不相识！"

大灯国师推开弥陀佛像，说："你自己留着做纪念吧！我的净土在心中，我的弥陀在自性里，你没有听过'唯心净土，自性弥陀'的佛法吗？"

桃水禅师听后大喜，说："这尊弥陀佛且借住我的房子，我们还是建设我们心中的净土、本性里的弥陀吧！"

大灯国师于是大笑而逝。

◎ **养心法语** ————————————

桃水禅师隐居在乞丐群中参禅，以卖草鞋过活，他挂上弥陀佛像，说是借住而非自愿供养，即使供养，也是窝与窝的互惠关系，意思是每个人有自己的净土，自己的弥陀。大灯国师就是这样表示，只自住于心性，不住于事相，所以不肯接受赠像。原来两个禅者一个鼻孔出气，所以彼此都哈哈大笑了。

责骂与慈悲

　　黄龙慧南禅师在庐山归宗寺参禅的时候，坐必跏趺，行必直视。后来云游至泐潭怀澄禅师道场时，泐潭怀澄就令他分座接引，指导禅法，这时他的声誉已经名闻诸方了。

　　云峰文悦禅师见到他，就赞叹说："你虽有超人的智慧，可惜你没有遇到明师的锻炼！泐潭澄公虽是云门文偃禅师的法嗣，但是他的禅法与云门禅师并不相同。"

　　黄龙禅师听后，不以为然，问道："有什么不同？"

　　云峰禅师答："云门如同九转丹砂，能够点铁成金；澄公如同药物汞银，只可以供人赏玩，再加锻炼就会流失。"黄龙禅师听后愤怒异常，不再理睬云峰禅师。

　　第二天，云峰禅师向黄龙禅师道歉，并对他说：

"云门的气度如同帝王，所谓君叫臣死，臣不得不死，你愿意死在他的语句下吗？渤潭澄公虽有法则教人，但那是一种死的法则，死的法则能活得了人吗？石霜楚圆禅师的手段超越当代所有的人，你应该去看他！"

后来，黄龙禅师到衡岳福岩寺参访楚圆禅师，楚圆禅师说："你已经是有名的禅师了，如果有疑问，可以坐下来研究。"黄龙禅师一听，更加真诚哀恳地求法。

楚圆禅师就说："你学云门禅，必定了解他的禅旨，例如：放洞山三顿棒，是有吃棒的份儿，或是无吃棒的份儿？"

黄龙禅师答道："有吃棒的份儿。"

"从早到晚，鹊噪鸦鸣，都应该吃棒了！"楚圆禅师于是端正地坐着，接受黄龙禅师的礼拜。然后又问："假如你能会取云门意旨，那么，赵州禅师说'台山婆子，我为汝勘破了也'，哪里是他勘破婆子的地方？"

黄龙禅师被问得冷汗直流，无法回答。第二天黄龙禅师又去参谒，这次楚圆禅师不再客气，一见面就是怒骂不已，黄龙禅师问道："难道责骂就是吾师

　　无牵无挂的心理是快活的；无欲无求的眼界是宽阔的；
无得无失的人生是豁达的；无来无去的生命是自然的。

慈悲的教法吗？"

楚圆禅师反问："你认为这是责骂吗？"黄龙禅师言下大悟，就作了一首偈：

> 杰出丛林是赵州，老婆勘破没来由；
> 而今四海明如镜，行人莫与路为仇。

◎养心法语 ───────────────

在受苦的时候，感到快乐；在委屈的时候，觉得公平；在忙碌的时候，仍然安闲；在受责的时候，知道那是慈悲，那就体会出真正的禅心了！

不名本寂

　　曹山本寂禅师是泉州莆田（今属福建）人，当时的唐朝，中原战乱不休，许多士大夫、缙绅为了躲避战火，迁居泉州，带动了当地的文风。曹山本寂禅师少年时便熟读诗书经史，随着年岁的增长，诸子百家的思想，已不能满足他对人生的探求，于是出家修行，深究佛法。此时禅宗盛行，尤以洞山良价的道场最为兴隆，曹山本寂禅师便前往参学。

　　本寂禅师最初拜谒洞山良价禅师时，良价禅师问他："你叫什么名字？"

　　本寂禅师回答："学人名叫'本寂'！"

　　良价禅师锐利地逼问："那么'本寂'向上处，还有什么可说的？"

　　本寂禅师严肃地说："再向上处，就无可言说了。"

　　"为什么不可言说呢？"良价禅师问。

本寂禅师说："既名'本寂'，何须言语！"

良价禅师听了，相当欣赏本寂禅师的见地，就让他随侍身边，并且密授他心法。本寂禅师果不负师恩，后来于荷玉山大振洞山宗风。

◎ 养心法语 ————————————————

一切诸法自性本来空寂，本来无染，即使暂时被五欲六尘所蒙蔽，依然具有无量的微妙功德，此为一切众生平等共有，离一切相而无有分别，所以是泯除一切的言语思虑对待。因此，良价禅师故意以本寂禅师的名字，一语双关地试探。本寂禅师了知自性清净，本来空寂，非空亦非有，向上更无可说，一旦落入口说心想，即非空有圆融的境界。

日面佛，月面佛

《维摩诘经》有云，维摩诘居士以"众生病，是故我病"，示现菩萨的悲智。唐朝的马祖道一禅师也借着自身生病的因缘，示寂说法。

唐德宗贞元四年的正月，马祖在宝峰山（今江西石门山）的树林中经行，看到有一处平整的洞穴，他忽然告诉随行的侍者说："我的色身将坏，下个月就归葬此处吧！"

说完，便返回宝峰寺，过了几天，果真重病不起。

当家师听到马祖生病的事情，特地到寮房来探望，并关切地询问道："和尚近来感觉如何呢？"

马祖只是平静地回答："日面佛，月面佛。"

没多久，就在二月一日之时，马祖于沐浴更衣后，跏趺而坐，安然圆寂。

　　根据《佛名经》的记载，日面佛的寿命长达一千八百岁，可是月面佛的寿命却仅仅只有一日一夜而已。马祖道一禅师在面临着死亡逼迫的重病之际，以"日面佛，月面佛"一语来表达心境，可见他已无寿命长短与生灭来去的分别执著。

　　人的色身必然会有老病死的无常变化，但佛性却能亘古常新，不会受到时空的限制。一般人只知在有限的寿命、色身上去计较执著，日日月月在烦恼中流转生死，却不知唯有求证永恒的生命，才能超出这无常变化的世界。禅者已经跳脱对有限寿命的执著，所以能在生死之外，找到安身立命的所在。

百闻不如实修

在佛住世时代，阿难尊者是佛陀的常随弟子，他对于佛陀所说过的法，都能够忆持不忘，因此被誉为"多闻第一"。

有一天，阿难尊者请教佛陀说："佛陀，这么多年来，弟子一直随侍在您的身边，那么，弟子要到什么时候，才能像佛陀您一样福慧圆满呢？"

佛陀一听，并没有直接回答阿难尊者，反而是招呼他在一旁先坐下来，自己则拿出刚才托钵所得的饭菜吃了起来。

过了一会儿，佛陀开口问阿难尊者："我已经吃饱了，你吃饱了没有？"

阿难尊者一脸不解地看着佛陀，疑问地说："佛陀，阿难还没有吃，怎么可能会饱呢？"

佛陀微笑着说："是啊！你只是看着我吃饭，当然是我饱，而你没有饱。修行佛道也是一样的道理，不是只有看着我修行，你就能得道，必须自己身体力行，才能渐次到达目的地，别人是丝毫替代不得的呀！"

◎养心法语 ————————————————

佛经上说："各人吃饭各人饱，各人生死各人了。"有些事情是别人不能代替的，就像生老病死，别人也都不能代替的啊！要断烦恼、要开悟、要得道，问别人都没有用，这都要靠自己自我承担。

常有一些人把问题推给别人，总是问：怎样才能开悟？怎样才能安心？事实上，别人怎么能替我们开悟、替我们安心呢？有些事情，人家会给我们一点助缘，但不是全部都靠别人的，有些重要的问题，还得要靠自己去解决喔！

我也可以为你忙

佛光禅师有一次见到妙顺学僧的时候，问道："你来此学禅，已有十二个秋冬，怎么从来不向我问道呢？"

妙顺回答道："老禅师每日忙碌，学僧实在不敢打扰。"

一过又是三年。有一天，佛光禅师在路上又遇到妙顺，再问道："你参禅修道上有没有什么问题？怎么不来问我呢？"

妙顺禅僧仍回答："老禅师很忙，学僧不敢随便和您谈话！"

又过了一年，妙顺学僧正巧经过佛光禅师禅房，禅师又再对妙顺禅僧说道："我今天有空，请进来禅室谈谈禅道。"

妙顺禅僧赶快合掌作礼，说道："老禅师您忙吧，我怎么敢占用您老人家的时间呢？"

佛光禅师知道妙顺禅僧过分谦虚，不敢直下承担，再怎么参禅也不能开悟，看来非采取主动的手段不可，所以在又一次遇到妙顺禅僧的时候就问道："学道参禅，要不断地参究，你为何老是不来向我问道呢？"

妙顺禅僧还是说道："老禅师您很忙，学僧不便打扰。"

佛光禅师当下大声喝道："忙，忙，究竟为谁在忙呢？我也可以为你忙呀！"

佛光禅师的一句"我也可以为你忙呀"，蓦然打进了妙顺心中，当下有所领悟。

◎ 养心法语 ————————————

有的人太顾念自己，不顾念别人，一点小事就再三烦人；有的人却太顾念别人，不肯丝毫为己，最后就错失机会。禅的本来面目，就是直下承担。当吃饭的时候吃饭，当修道的时候修道，当发问的时候要发问得确实，当回答的时候要回答得肯定，不可以在似是而非里转来转去。

　　修道途中，自己要勇敢，自己要承担，不可以拖延岁月。我可以为你忙，你为什么不要我帮忙呢？人我之间不需要分得那么清楚。禅是一个机锋，在机锋的那一刻，不必客气，就直下承担吧！

大蜘蛛的肚子

有一位打坐功夫很相当的禅僧，只要他坐上蒲团，盘起了腿子，一坐就是好几天的时间。

有一阵子，这位禅僧打坐的时候，总是会看到一个很奇怪的现象，让他十分的苦恼。于是他跑去请教无德禅师，询问怎么样才能消除这种现象。

禅僧问道："禅师，为什么每当我一入定，就会看见眼前有一只大蜘蛛，在我的腿上爬来爬去，怎么赶也赶不走。"

无德禅师教了他一个办法："下次你打坐的时候，不妨先准备一支笔在身旁，如果大蜘蛛再出来捣乱，你就拿笔在它的肚皮上画个圈圈，等出定之后，再来看看它到底是何方妖怪。"

禅僧遵照无德禅师的指示，在打坐之前，预先准备好一支笔，放在蒲团的旁边，这才安心打坐。等到他一入定，大蜘蛛果然又出现了，禅僧即刻拿起笔来，在蜘蛛的肚皮上画了一个圈圈，作为标记。奇怪的是，禅僧才把圈圈画好，大蜘蛛便立刻销声匿迹了。

禅僧喜出望外，下座之后，赶紧向无德禅师报告说："禅师，禅师！您这画圈圈的方法，果然有效，我才一收笔，大蜘蛛竟然就不见了。"

无德禅师笑了一笑，只是淡淡地回了一句："这样啊！"

这天傍晚，禅僧沐浴净身的时候，赫然发现画在大蜘蛛肚皮上的圈圈，竟然就在自己的肚子上。他这才恍然大悟，原来一直扰乱自己入定的大蜘蛛，不是别人，而是自己妄心所现的幻境啊！

◎养心法语 ────────────

魔，在哪里？魔由心生。

参禅的禅者，最怕自己的心魔捣乱。禅者，应该先要通达心外无法。假如心中不清净，妖魔鬼怪，就会从妄心里面出现。所以，多少禅人都会遇到类似大蜘蛛的魔道干扰。只有降伏其心、降伏外境，一法不生，那才能契悟啊！

触目菩提

　　唐朝的石霜庆诸禅师是清江（今属江西）人，俗姓陈，十三岁时礼绍銮法师出家。曾跟沩山灵祐禅师学习，并担任米头一职，后来石霜庆诸禅师来到潭州（今湖南长沙）道吾山，追随道吾圆智禅师学习。

　　有一天，他向圆智禅师请法问道："请问禅师，什么是触目菩提？"

　　圆智禅师故意不理会他，只是吩咐一旁的沙弥："去添净瓶的水来！"等到沙弥把净瓶的水加满之后，圆智禅师才转身反问庆诸禅师："你说，什么是触目菩提？"

　　庆诸禅师恭恭敬敬地说："请禅师开示。"

　　圆智禅师大声说："你要瞪开眼睛看嘛！"说后，便站起来朝门外走去。

　　庆诸禅师看着圆智禅师的背影，心中震撼不已，终于豁然大悟："原来这就是菩提。"

后来，庆诸禅师驻锡于浏阳（今属湖南）的石霜寺三十年，追随的僧众达千余人，禅风盛极一时。

◎ **养心法语** ———————————————

庆诸禅师从年轻时，就在诸禅僧中表现杰出，曾在沩山灵祐禅师那里担任米头，发心服务大众，为大众的食粮普遍供养，很重视在生活中修禅。

他问："什么是触目菩提？"就等于问："你有看到虚空的法身吗？"其实，一沙一石，都是如来的法身，一滴水中，都可以见到三千大千世界。所以，圆智禅师才唤侍者拿水过来，就是告诉庆诸禅师这个道理。然而庆诸禅师却只是请禅师开示，因此圆智禅师才回答他，难道你没有瞪眼看到虚空皆是菩提吗？

所谓"打破虚空笑满腮，玲珑宝藏豁然开"，从圆智禅师的背影，庆诸禅师终于知道所谓的"触目菩提"，也见到了虚空的法身。

若有所见，即为无见，有无皆遣，就见到所谓的菩提、所谓的法身了。

空归何处？

唐朝的福溪禅师，是马祖道一禅师的法嗣弟子。有一天，有一位年轻的禅僧向福溪禅师参问道："古镜没有瑕疵时，会是什么样子呢？"

福溪禅师并没有回答他。

沉默许久之后，年轻的禅僧忍不住再次发问："禅师，您的意思如何？"

这时，福溪禅师才缓缓地说："山僧我的耳朵不灵光。"

年轻的禅僧就把先前的问话大声地再说一遍。

福溪禅师摇摇头，微笑着说："还是差了那么一点。"

禅僧还是不懂，悻悻然地告退了。

后来，另外一学僧就问福溪禅师："老师，您怎么不回答刚才那位禅僧的问题呢？"

福溪禅师说："若没有证悟空性，是不好讲的啊！"

这位学僧再问:"那么请问老师,空是什么?空又归于何处呢?"

福溪禅师没有立刻回答这位学僧的问题,反而叫唤他的名字:"某某僧!"

学僧马上应答:"学生在!"

福溪禅师反问他:"你说,空在哪里?"

学僧说:"还是请老师说吧!"

福溪禅师就说:"胡人吃胡椒。"

◎ 养心法语 ———————————————

空,无所不遍,无所不在;空是真理,亘古今而不变,历万劫而常新。自古以来,世事多变,但是空怎么变化呢?其实,空没有变化,万物的缘起生灭,最后都归于空。因此,空归于何处?当然也归于空。

佛教从印度传入中国时,途经西域胡人之处,故而在古代中华文化里有很多东西,都是由胡僧传带过来的,像胡瓜、胡桃、胡饼、胡麻、胡琴、胡萝卜等,甚至"胡说八道"、"胡说"等词,原意是指胡人的话不容易懂，并无贬义。可见，"胡"对中华文化的影响。

胡椒生长在胡人的地方，本来就是当地很正常的饮食配料。那么，万物归空，空归何处，不就如胡人吃胡椒，本是为一体的吗？

死猫头最贵重

曹山本寂禅师是唐朝时候的僧人，为禅宗曹洞宗开山祖洞山良价禅师之法嗣。

"禅师！学人请问您：世间上什么东西最贵重？"有一天，有位从北方来的游方禅僧，请示了本寂禅师这样一个问题。

只见坐在蒲团上的本寂禅师，不疾不徐地端起茶杯，对游方僧轻声说："喝茶！"

游方僧喝了一小口茶，便放下杯子，静静等待本寂禅师回答。

本寂禅师闻了闻茶香，一阵清香甘洌入鼻，他啜了一口茶，然后说："你要问什么东西最贵重，那我告诉你，死猫的头最贵重。"

"啊？"游方僧一脸惊愕，不可思议地问："一个死猫的头悬挂在树上，任谁也不愿意多瞧它一眼，这怎么会是世间上最贵重的东西呢？"

本寂禅师哈哈大笑，反问道："那么，你认为呢？"

游方僧皱起眉头，低头想了又想，怎么样也想不出个所以然来。

这时，本寂禅师悠悠地说："因为没有人出价钱啊！"

◎养心法语 ————————————

死猫的头为什么贵重？因为这是生命，生命无价啊！对于无价的生命，你不屑一顾，这是人的愚痴。世间上有价的万物，不赋予他生命，当然就没有价值。一个死猫头，赋予它的生命，就不是价值而已了。

所以，世间把万物融和，情与无情，同圆种智，所谓生死一如，所谓贵贱无别，难怪禅师说死猫的头最贵重。那么，在世间的我们，还以什么为最贵重呢？

正业为要

　　有一位想参禅的居士，心里始终有个疑问一直无法开解，他听闻金山寺无德禅师慈悲智慧、度众无数，于是到金山寺向无德禅师问法。一见到无德禅师，居士就开门见山地说："禅师，我有一个困惑已久的问题，请为我释疑。"

　　无德禅师说："你直说无妨。"

　　居士问："禅师，您知道历史上暴君的后代会好吗？"

　　无德禅师说："不好，因为他们的杀业太重，影响子孙。"

　　居士又问："那么，近代军阀的后代好不好呢？"

　　无德禅师再答："也不好，因为杀业同样太重，也影响后代。"

　　居士再问："禅师，您看是不是历代的帝王里，仁君很少，他们大多数都专制、嗜杀，所以都影响了后代的子嗣。"

无德禅师说："是的，是的。"

这位居士终于说："禅师，我一生行善，也没有杀人，我只是开了一个猎具行，并没有杀生。但是，我养的一双儿女，每到秋天就会生一场重病，每次都病得死去活来，几乎耗掉那一年的积蓄，这是为什么？"接着，居士满怀疑惑地说："难道我只是开个猎具行，也跟那些帝王、暴君一样罪过吗？"

无德禅师说："善哉，善哉，杀人、杀生都是杀也！"

居士说："禅师的意思是要我不开猎具行？那我的经济、家庭怎么办？我要如何维生呢？"

无德禅师说："换个正业不行吗？何必要做邪业呢？"

无德禅师继续说："况且我们不该将自己的幸福建立在众生的痛苦上啊！"

居士听了以后，心中若有所悟，回去之后，就把猎具行关闭了，并且积极行善积德。果真，儿女的病况逐渐好转痊愈，生活也日渐正常安乐。

　　有云："善有善报，恶有恶报，不是不报，时辰未到。"因果报应，就等于植物的成长，有的是春天种植秋天收成，一年生的植物，好比是现世果报；有的是今年种植，明年收成，这便属于今世来生的关系；有的是现在种植，多年后才有收成，这是指多世才有报应。

　　因果报应是非常公平的。所谓要怎样收获，就要怎样栽种。所以，人生只要知道善恶因果，各种侵犯生命的罪业，就不致于发难了。

真入门处

唐朝的睦州道明禅师，人称"陈尊宿"。他常以机峰峻险的方式来接引学人，举扬禅法活泼而著名。

某天，道明禅师在晚上小参时对众僧说："你们一众人等，都没有人能找到一个入门之处，希望你们都能找到这个入门处，不然你们会辜负老僧。"

话才说完，一位年轻的僧众就站出来，礼拜问讯说："我始终不敢辜负和尚。"

道明禅师听了，淡淡地说："你早已经辜负我了。"

又有一次，一位游方僧前来拜访道明禅师。

道明禅师问："你从什么地方来？"

年轻僧人回答："学人自湖南来。"

道明禅师接着又问："那么，湖南那里的高僧硕德所说的佛法大意是什么？"

僧人回答："遍地行走，却没有道路。"

道明禅师反问他说："那里的大德真的是这么说的吗？"

僧人肯定地点头，说："是的！他们确实是这么说的。"

道明禅师一听，立刻举起拄杖打过去，大骂："去，你这个只会背诵语言文字的家伙！"

这位游方僧被打得一头雾水，愣在当地不知所以然。

◎ **养心法语** ———————————————

老师怕学生辜负他的教导，但许多学生却处处都辜负老师的教导。纵有学生敢说"我没有辜负老师的教导"，那也只是自我的感觉，没有获得老师的认可。学生要获得老师的认可，学校才会颁发毕业证书，才算有所成就。

那位学僧虽然说自己没有辜负陈尊宿，但是他没有辜负老师的具体事实是什么？学僧交代不出来，陈尊宿当然说你早就辜负我了，这就是没有获得老师的肯定。

第二位游方僧前来参访道明禅师，说湖南的耆老硕德的教法是"遍地行走，却没有道路"，这一句话是有禅意，却不是悟者的语言。你只是学鹦鹉叫，依样学语，却不懂得"遍地行走，却没有道路"的意义是什么，当然就要挨道明禅师一杖了。

所以，不要看禅门这许多问答像是没头没脑，其实都有一个道的精神所循，这个是一点都假不得的。因此，禅门的师资印心，才被列为是很重要的事情。

不为你医病

唐代的曹山本寂禅师，是泉州莆田（今属福建）人，二十五岁时受具足戒，后来得法于洞山良价禅师，之后前往抚州（今属江西）的吉水开山，后命名为曹山，表示思慕曹溪之情的意思。

有一位学僧在本寂禅师的门下学道多年，始终不能契入禅的旨意，为此非常苦恼。有一天，终于鼓起勇气到法堂，向本寂禅师叩问法要。

学僧问："老师，学人通身是病，请求您慈悲为学人医病。"

本寂禅师看了他一眼，只说了两个字："不医。"

这名学僧非常讶异，但仍不死心，继续追问："佛门向来讲求慈悲，身为佛弟子更应遵循佛陀的本怀，广度迷茫的众生，为什么学人有病，老师却不肯为我医病呢？"

本寂禅师瞪圆了双眼，大喝说："就是要让你求生不得，求死不能！"

学僧一听如雷贯耳，当下若有所悟。

◎养心法语

人在世间，生也好，死也好，最怕的就是"求生不得，求死不能"。现在一个老师忽然对学僧说出这样严重的语言，彼此又没有仇恨，何必要这么绝情呢？

其实，禅门就是在所谓的绝处逢生里，在这种"求生也不得，求死又不能"的绝处，能够逢生，不就是最好的疗病方法吗？

而在世间的军事学上，也有所谓的"置之死地而后生"。参禅，也如同作战，一般人平常都想从左右逢源中，得到很多的利益。但是禅者最重要的，不就是在"求生不得，求死不能"之下，还能找到另外的生机吗？

看不到

一位年轻的僧人前往参礼南泉普愿禅师，请求禅师能开示禅法。当他向南泉普愿禅师一问讯后，就双手叉在胸前，挺身等候禅师的招呼。

南泉禅师看了，摇摇头说："你这个样子，太世俗了，你连僧门的规矩都不懂。"

年轻的僧人一听，赶紧把手放下，对南泉禅师恭敬地双手合十。

南泉禅师看了依然摇头，说："现在这个样子，还是不像出家人。"

青年僧人听了，不知该如何是好，就问禅师说："提起，你说不是；放下，你也说不是，那我究竟要怎么办？要怎样才像出家人呢？"

南泉禅师说："你到大雄宝殿去找吧！"

僧人恍若有悟，从此便留在南泉禅师门下作务习禅。

佛殿不是僧堂，南泉禅师叫他去大雄宝殿找，是要他超越僧伦，要做个佛祖，这位青年僧伽应该有所省悟，所以后来便留在南泉禅师座下学习。

过去禅门常常比喻像什么，例如赵州禅师和徒弟比赛似什么，苏东坡问佛印禅师自己像什么，或似驴，或似佛，或似什么。其实最像的，是像自己，但一般人他最不认识的就是自己。就例如人有两只眼睛，它可以看得到别人，但它却看不到自己，它能看到自己的鼻子吗？它能看到自己的嘴巴吗？所以，眼睛无论怎么样子做灵魂的窗子，它还是看不到自己的面孔。自己的面孔看不到，当然看心就更不容易了。因此，禅门把"观心"列为重要的功课，这不是没有道理的啊！

老僧半句也无

赵州禅师是唐代时候的僧人，俗姓郝，法号从谂，为南泉普愿禅师之法嗣弟子。

某天，一位云水僧慕名前来拜见赵州从谂禅师，探问道："禅师慈悲，学人有心了解'赵州禅'，可以请禅师以一句话说明，什么是赵州的禅法吗？"

赵州禅师淡淡地说："老僧连半句也没有，哪里有一句？"

僧人露出惊讶的表情，一脸疑惑地问道："老师做狮子吼，雄辩滔滔，许多的言教开示了许多有心的学人，难道学生不够资格听老师的一句吗？"

赵州从谂禅师微微一笑，说："告诉你，好话，不是一句就能说完的。"

这时，僧人语气转为恭敬，问道："那么，应该是什么呢？"

赵州禅师说："不说，才是最好的言教。"

学僧不解，再问道："老师不说，学人怎么能明白呢？"

赵州禅师反问学僧："天下好语佛说尽，难道你没有听到吗？为什么还要我说呢？"

僧人听了豁然有省，便留在赵州禅师的道场学习。

◎ 养心法语 ———————————————————

有的人常常突然要老师说一句话给他。一句话很简单，但也不简单。既然不简单，就不好说，不必说。赵州禅师的话不错，天下的好语，佛都已经说了，你不去学习，反而要我老僧说一句，这是为难老僧，还是恭维我老僧呢？

所以，赵州禅师才不客气地说，我半句都没有，哪里有一句？赵州禅师，世称"赵州古佛"，真是一位不简单的人物。

见面多微笑，烦恼都抛掉；

好话是供养，赞美出妙香。

成佛太费力了

唐朝的时候，有一位云水僧，风尘仆仆地来到赵州禅师的道场，两人才初见面，云水僧便向赵州禅师开门见山地说："学人一心追求佛道，却因久久未能契入而苦恼不已。请问禅师，怎么样才能成佛呢？"

赵州禅师非常认真地看着这一位云水僧说："我八十岁了，还在行脚，佛在哪里？我还没有找到！"

学僧听了，自言自语地说："原来老师花了那么多时间，看来成佛太辛苦了。"

赵州禅师说："其实，也没有那么辛苦。在父母还没有生我之前，本来就是佛了！"

学僧还是一脸疑惑地问道："父母未生我之前，我就是佛了？既然是佛，还要成佛做什么呢？难道成佛就这样不费力吗？"

赵州禅师微笑说："话虽如此，还是要行佛三大阿僧祇劫，你才是真正的成佛啊！"

　　僧人一听，若有所会，赶紧就地礼拜，然后便留在赵州禅师的座下参禅修道。

◎ **养心法语** ——————————————

　　世间上，无论什么事情，没有说不用力的。所谓"没有天生的弥勒，没有自然的释迦"，种田，要费力播种；经商，要费力采购；读书，要费力记忆；穿衣，也要费力裁剪缝制，所以，有哪一件事情不需要费力的呢？

　　但是，费力也有费力的好处，辛苦种田，就有稻米食用；缝制衣服，就能穿衣温暖，你修行三大阿僧祇劫，不就为了解脱自在吗？

本来面目

福建福州覆船山的洪荐禅师，为石霜庆诸禅师的法嗣弟子。

有一位学僧前来向洪荐禅师问道："什么是父母未生我之前的本来面目？"

洪荐禅师并不直接回答，忽然闭起眼睛，吐了吐舌头，然后又张开眼吐吐舌头。

学僧看到洪荐禅师滑稽的动作，想笑又不敢笑，只好故作镇定地说："难道所谓的'本来面目'，竟然有这么多的面貌吗？"

洪荐禅师立即端正面容，一本正经地反问他："你说，你刚才看到什么了？"

学僧说："我看到无形无相的世界。"

洪荐禅师再追问："那是一个什么世界？"

学僧从容地回答："生也未曾生，死也未曾死。"

洪荐禅师点头印可，说："你终于见到本来面目了。"

◎ **养心法语** ————————————————————

　　清朝的顺治皇帝在《赞僧诗》中说："来时糊涂去时迷，空在人间走这回。未曾生我谁是我？生我之时我是谁？长大成人方是我，合眼朦胧又是谁？不如不来又不去，来时欢喜去时悲。"生我、不生我，我还是我。禅师的舌头伸出来，表示生，禅师的舌头缩进去，表示回到原来。你说，究竟什么是生？什么是死呢？

　　这名学僧悟性很高，当洪荐禅师问他说："你看到什么？"他回答："我看到无形无相的世界。"禅师立刻知道，这是一个不简单的对手，于是再问："那是一个什么世界？"学僧再答："生也未曾生，死也未曾死。"因此，洪荐禅师终于印可说："你终于见到本来面目了。"

　　人都欢喜追查自己本来的面目，但在纷扰的声色里，哪里能找到呢？只有到无形无相禅的世界里，才能找到自己的本来面目啊！

一片白云横谷口

　　唐朝洛浦山（又称乐普山）的元安禅师，又称洛浦元安，凤翔（今属陕西）人，二十岁在岐阳怀恩寺出家。曾经问道于翠微无学及临济义玄禅师，后来在夹山善会禅师处得到禅法心要，成为善会禅师的法嗣弟子。先后驻锡澧州（今属湖南）的洛浦（乐普）、苏溪等地弘法，接引四方僧众。

　　有一天，一位学僧到元安禅师的法堂请求开示，提问道："老师，学人曾在佛经上看到一段话说，供养百千诸佛，不如供养一个无修无证没有分别的人。不知道百千诸佛有什么罪过？这没有分别的人又有什么功德呢？"

　　元安禅师并没有直接回答他的问题，只是反问这名学僧说："那你认为呢？"

　　只见学僧一脸茫然，无言以对。

元安禅师看了看年轻的禅僧后，便以两句诗偈回答："一片白云横谷口，几多归鸟尽迷巢。"

◎养心法语 ────────────────

　　学僧问元安禅师的这段话，其实在《四十二章经》里有完整的记载：饭恶人百，不如饭一善人；饭善人千，不如饭一持五戒者；饭五戒者万，不如饭一须陀洹；饭百万须陀洹，不如饭一斯陀含；饭千万斯陀含，不如饭一阿那含；饭一亿阿那含，不如饭一阿罗汉；饭十亿阿罗汉，不如饭一辟支佛；饭百亿辟支佛，不如饭一三世诸佛；饭千亿三世诸佛，不如饭一无念无住无修无证之者。

　　这就说明修行是有层次的，最高的层次是没有分别，无有对待，所谓"大圆镜智"一如也。

卷二

圣者所以生活在真善美的世界里，并不是离开这个娑婆世界，到另外一个净土，而是空慧禅观一转，刹那即转为永恒，污秽即转为清净，烦恼即转为菩提，生死即转为涅槃。

寂子担禾

有一天，仰山慧寂禅师从田里担着稻禾回来，沩山灵祐禅师看到了，就故意问道："你从哪里回来？"

仰山禅师擦了擦汗，回答道："刚从田里回来。"

沩山禅师想了解弟子对法是否有所体悟，于是借机问仰山禅师："田里的稻子都收割了吗？"

仰山禅师回答："已经收割完了。"

沩山禅师再问："那么，田里的稻穗是青绿未熟的，还是黄澄的成熟稻禾？又或者是不青不黄的呢？"

不料，仰山禅师以问代答："和尚的背后是什么呢？"

沩山禅师问道："你看见了什么吗？"

仰山禅师抓起一把稻穗，说："和尚您问的是这个吗？"

沩山禅师听了之后，很满意地点点头说："你这是'鹅王择乳'呀！"

◎ **养心法语** ———————————————

仰山慧寂禅师是沩山灵祐禅师的法嗣，后来大弘宗风，成立了沩仰宗，为中国禅宗五家七宗之一。沩仰宗的禅风，一般以"父慈子孝，上令下从"称之，不同于临济宗严峻的棒喝。

灵祐禅师以稻穗的成熟、未熟为喻，来试探弟子仰山禅师对法的体悟。由于仰山禅师已超越熟或未熟的分别对待观念，根本不受困于稻禾青黄与否等语言文字，所以仰山禅师先以问为答，再以物示意，跳脱了有与无、熟与未熟等两边对立。就如经典所说的"鹅王择乳"，当水与乳置于同一容器，鹅王能够只饮乳汁而留下水，喻指能辨别法的真伪、正邪、善恶，直接见到真实的法。

骨裹皮

有一参禅的青年学僧，在寺院外面看见一只乌龟，他忽然生起一股好奇心，就问身旁的大随法真禅师，向他请示说："众生都是皮裹骨，为什么只有乌龟却是骨裹皮呢？"

大随禅师听了学僧的问题之后，并没有立刻作答，只是将自己的草鞋脱下来，覆盖在乌龟的背上。

后来，白云守端禅师曾为大随禅师的这段公案，作了一首偈颂，颂云：

> 分明皮上骨团团，卦画重重更可观。
> 拈起草鞋都盖了，这僧却被大随瞒！

佛灯守珣（何山守珣）禅师也作了一首偈颂云：

法不孤起，仗境方生。

乌龟不解上壁，草鞋随人脚行。

宝峰克文禅师更明显地指出："明明言外传，信何有今古？"并颂云："掷金钟，辊铁骨，水东流，日西去！"

◎ 养心法语 ———————————

由于这位青年学僧一时的好奇心，而引出日后这段公案的偈颂来，究竟其含意指的是什么呢？

吾人生活在这个世间上，随时随地都能引发好奇心，可是这一个好奇心，求知则可，悟道则远。如果我们想要学禅悟道，不是用好奇心，而是由平常心。

学僧见龟骨裹肉，即起好奇心，大随以草鞋盖覆，即盖覆此一虚妄之根源的好奇心。

佛灯禅师的"乌龟不解上壁，草鞋随人脚行"，就是说龟不会爬墙，草鞋随着脚走，这都是多么平常的事！而克文禅师的"水东流，日西去"，这也是多么平常的事！可是在平常里，有一个世间上不平常的原则，那就是缘起性空！明乎此，则佛道也，禅心也，解脱也，皆在这一个平常心。

梅子熟了

大梅法常禅师是湖北襄阳人，俗姓郑，他幼年时就出家了，为唐朝时候的僧人。

他曾经向马祖道一禅师参学，请教："什么是佛？"

马祖回答："即心是佛。"法常禅师闻言，当下大悟。

唐德宗贞元年间，法常禅师隐居于余姚南七十里的大梅山（今浙江鄞县境内）。马祖听说法常禅师住山，想试探这个弟子是否真的悟道了，于是派遣一名僧人前去探问。

僧人问道："请问和尚，您在马祖那里学到了什么呢？"

法常禅师回答："马大师告诉我'即心即佛'。"

僧人就说："可是，马大师最近的开示说法不一样了。"

"哦，他说了些什么不同的法呢？"法常禅师很感兴趣地问。

"他说'非心非佛'。"

法常禅师皱了皱眉头，随即哈哈一笑，说："这老和尚扰乱人没个了时，管他什么'非心非佛'，我只管'即心即佛'便是。"

僧人回去后，将两人对话的经过向马祖一一转述，马祖听了非常高兴地说："这梅子熟了！"

自此之后，法常禅师的禅风远扬，四方学人纷纷前来问道。

◎养心法语 ————————————

马祖一语双关的"梅子熟了"，说明了他对法常禅师开悟的印可。不论"即心即佛"或"非心非佛"，这对已经了悟自心与洞察世间真相的法常禅师而言，其实并无不同，因为真理是一，不是二元的对立；然而对于尚未悟道的凡夫而言，就会当成是截然不同的两件事。

已悟道的禅者，因为不再受到表相上的是非、善恶、有无、好坏等二元分别相所迷惑，所以从任何的事相上，他都可以洞见真理，无有障碍。吾人若能渐渐远离二元的分别对待，慢慢地就能找到自己的本来面目。

说似一物即不中

南岳怀让禅师，十五岁依荆州玉泉寺弘景禅师出家，受具足戒后，研习《毗尼藏》。

有一天，他叹息道："出家求的是无为法啊！天上人间没有比这更殊胜的。"

当时，他的同学常山坦然禅师知他志向高远，便劝他一同去参谒嵩岳慧安禅师。后来坦然于慧安禅师处有悟，怀让因未能相契，经慧安禅师指引，往曹溪参谒六祖慧能大师。

慧能大师一见面就问："从哪里来？"

怀让禅师回答："我从嵩山慧安和尚处来。"

慧能大师再问："是什么从哪里来？"

怀让禅师答不出，经过八年，忽然有悟，于是告之慧能大师："我悟到了当初和尚您接引我所说的话。"

慧能大师："是什么呢？"

怀让禅师答："说似一物即不中。"意思是，说什么都不是。

慧能大师接着问："还须要修证吗？"

怀让禅师回答："修证即不无，污染即不得。"

慧能大师欣然说："只此不污染，即诸佛之所护念，你是这样，我也是这样。"于是传法给怀让禅师，之后怀让仍继续随侍慧能大师，直到慧能示寂前二年，才离开曹溪，在南岳衡山大弘宗风。

◎**养心法语** ————————————————

昔日五祖弘忍问六祖慧能："你从哪里来？"而后引发出慧能"人有南北，佛性岂有南北"千古流传之禅话。多年后，志向无为的怀让禅师，也从慧能大师所问的"从哪里来"，悟出了"说似一物即不中"的见地。

怀让禅师经过了八年，才有"说似一物即不中"的体悟；悟道之后，又随侍慧能大师好几年，才出外弘化一方。因此，参禅不必急于一时，也不可能一步登天，所谓"理上有顿悟，事上要渐修"，即使悟道之后，还是要继续修行，慢慢体证。

承受信物

有一天，沩山灵祐禅师告诉弟子仰山慧寂禅师说："有一位信徒，送了我三匹绢布，要我为他祈福，并且希望世人和平，生活安乐。"

仰山禅师听了，故意问道："既然老师收受了信徒的供养，那么，您将祈什么样的福来回报他呢？"

沩山禅师用他的拄杖敲禅床三下，说："我就以这个酬谢他。"

仰山禅师不以为然地说："这个大家都有，何必要老师给他呢？"

"你的意思，我给他'这个'还不够吗？"

"不是不够，我只是以为老师不该以大家都有的东西作为酬谢。"

"既然知道这是大家都有的，为什么还要我另外找东西给他呢？除了'这个'以外，还有什么东西更有价值，可以用来酬谢别人呢？"

　　仰山禅师仍然坚持地说："自己已备，何劳他人？"

　　"自己已备，但无他人，何缘得识？"沩山禅师说："你忘了当初达摩祖师东来，不也是将'这个'给人吗？你们每一位禅者都承受了达摩祖师的信物，也就是'这个'而已。"

◎养心法语

　　"这个"是指什么？即指吾人的本来面目。既是本来面目，何劳他人赐与？话虽如此，若无师承，何能识得本来面目？禅者虽然不著语言文字，直指本心，见性成佛。但舍语言文字，又何能直指本心，见性成佛？

　　黄檗禅师说："不著佛求，不著法求，不著僧求，当作如是求！"此一句"当作如是求"，正是着力之处。

　　语言文字只不过是工具，不是目标，如渡船过河，河尚未渡，何能舍船？但一到达彼岸，即应舍船而去。

万物水平

　　有一天，沩山灵祐和仰山慧寂师徒二人走在田间的小路上。

　　沩山禅师看了看四周，忽然对仰山禅师说："这一块田怎么这边高、那边低？"

　　仰山禅师不以为然地说："不对！是那边高、这边低。"

　　沩山禅师坚决地说："如果你不信，我们站在中间，往两边看，就可以知道是哪边高？哪边低？"

　　仰山禅师提出不同的意见："不用站在中间，也不需要看两边。"

　　沩山禅师又建议说："如果是这样，水能够量出地势的高低，我们就用水来衡量吧！"

　　仰山禅师摇摇头，说："水也不能凭借，高处有高处的水平，低处有低处的水平。"

沩山禅师终于点头赞许。

沩山禅师认为"水能平物，但以水平"，仰山禅师却以为"水也无凭"，因为世间万物皆有其本体存在，都是平等一如的。好比以"高"、"低"的本身来论，高处自有其平，低处也是如此，倘若硬是以"高"比"低"，势必无法达到一个平衡点。

宇宙间的万事万物都有其存在的价值与意义，会有差别对待，全然在于我们心的分别作用。譬如说，人身材的高矮、体态的胖瘦、长相的美丑，都是自我意识的主观评判，并没有绝对的好坏。倘若不妄加分别、比较，就能从中看出仰山禅师所谓"高处高平，低处低平"的本体性，则世间何来善恶、好坏、不平等的差别相呢？

咬不到空

佛陀时代有位优婆先那尊者，有一天在山洞中禅坐时，忽然大声呼喊对面岩窟中的舍利弗尊者，请他赶快过来。

当舍利弗来到面前时，优婆先那便说："我刚才坐禅时，被毒蛇咬了一口，我很快就会毒发死去，请您慈悲，为我召集邻近的大众，我要向他们告别。"

舍利弗看优婆先那脸色如常，不禁疑惑地问："我看你什么事也没啊！"

优婆先那安详平静地说："舍利弗尊者，人的身体是四大五蕴所集成的，人自己不能主宰，本来就是无常的，既然是因缘所聚便曰空，也就是空无自性，我是体悟到这个道理，所以毒蛇只可以咬我的色身，怎么能咬真理的空性？"

舍利弗非常赞赏优婆先那的禅定修养，他说："你说得很对，你确实是已经得到解脱的圣者。肉体纵然有痛苦，但可用慧解来支持自己不变的真心。"

◎养心法语

　　禅者修道调心，面对肉体的死亡，就像拔去毒针，又像重病得愈。死，死的是色身，不是真我的生命。临死不惊，生死不二，这是智慧的眼光。看清世相，出离火宅，跳出苦海，生灭实在有着无限之美！

　　人在生死烦恼中，有恐怖、有颠倒，但如果证悟到禅观，契入到空慧，就能进入不惧不贪的境界了。如优婆先那所说，毒蛇可以咬伤色身，怎能咬到空慧禅观呢？

　　圣者所以生活在真善美的世界里，并不是离开这个娑婆世界，到另外一个净土，而是空慧禅观一转，刹那即转为永恒，污秽即转为清净，烦恼即转为菩提，生死即转为涅槃。

文殊应供

居士，一般指在家的佛教信徒，梵语称"迦罗越"。

以前，有位迦罗越渴望得到文殊菩萨的现身加持，为他开启智慧。有一天，迦罗越设斋宴供养僧众，并特地在宴席前方摆设一张让文殊菩萨应供的高广座椅。

等到应供开始的时候，忽然出现一位面貌丑陋的跛脚老翁，衣衫破烂，脸孔肮脏，看起来十分邋遢。只见老翁一拐一拐地走向高广座椅，然后大大方方地坐上去。

迦罗越见状，心想："这座椅是专为文殊菩萨或德高望重的大和尚所准备的，怎么可以让一个肮脏的乞丐来坐呢？"于是，迦罗越就上前将老翁拉下来，要他到角落吃饭。

不一会儿，老翁又一拐一拐地上前，端坐在座椅上。迦罗越气急败坏地奔过去，将老翁硬拉到一旁，就这样，两人如是来回拉扯了七次，最后老翁总算待在角落里用斋，迦罗越这才放下心来。

斋宴结束后，迦罗越到佛寺回向功德。他向菩萨祈愿："愿将斋僧功德回向今生能得到文殊菩萨的加持，使弟子早日开启智慧。"

忙碌了一天的迦罗越，疲惫不堪地回到家中之后，倒头便睡。睡梦中，文殊菩萨来到迦罗越床前，对他说："你日日祈求希望能见到我，今日我前来应供，满你所愿，你却七次将我从座椅上拉下来，因此我只得在角落用斋了。"

迦罗越立刻从梦中惊醒，对自己的有眼不识泰山，感到万分的懊悔。

◎养心法语 ————————————————

《金刚经》云："若人以色见我，以音声求我，是人行邪道，不能见如来。"执相而求，只会离道愈来愈远。迦罗越想得到文殊菩萨的智慧加持，可是他却以貌取人，当有了分别对待，就有颠倒迷惑，因此文殊纵然现身，迦罗越也视而不见，又怎么能求得自在无碍的般若智呢？同样地，参禅学道，若对众生不能心存平等，不能泯除人我对待，又怎能与清净平等的佛道相应呢？

一与十

唐朝的龙潭崇信禅师是湖南人氏，未出家之前，他在天皇道悟禅师的寺院旁，摆了一个卖饼的摊子，勉强糊口。天皇道悟禅师怜他穷苦，就让他在寺中的一间小屋居住。龙潭崇信为了感恩，每天送十个饼给天皇道悟禅师。天皇道悟禅师收下饼之后，每次总叫侍者还给崇信一个。

有一天，崇信禅师忍不住向道悟禅师表示不满："饼是我诚心送您的，可是您却每天还我一个，是看不起我吗？"

道悟禅师耐心地解释说："你能每天送我十个，为什么我不能每天还你一个？"

崇信禅师很不服气地反驳："我能送你十个，哪里还需要您还我一个？"

道悟禅师哈哈大笑说："一个你嫌少吗？十个我

都没有嫌多。"

崇信禅师听后，似有所悟，请求道悟禅师为他剃度，让他出家。

道悟禅师说："一生十，十生百，乃至能生千万，诸法皆从一而生。"

崇信禅师则回应："一生万法，万法皆一！"

◎养心法语 ————————————————

这一段公案，完全表现了自他一体、能所不二的禅心。天皇道悟禅师的房子，给龙潭崇信禅师去住，这表示我的就是你的；道悟禅师收下崇信的烧饼以后，又再还一个给崇信，这表示你的就是我的。当然，那时道悟禅师的苦心，不是一个卖饼的俗人所能了解的。但在禅师的点化下，终于触动崇信禅师的慧心，觉悟到多少不二，你我不二，心物不二，有无不二，原来宇宙万有，千差万别，皆一禅心也。

镇州大萝卜

　　赵州从谂禅师从二十岁起，约有四十年的时间，跟随南泉普愿禅师参学。到了五十七岁，赵州禅师才开始云游四方，到处参访达二十年之久。八十岁时，他到赵州观音院担任住持，享年一百二十岁，世人称之为"赵州古佛"。

　　虽然赵州禅师的师父南泉禅师的禅风闻名遐迩，但他的弟子赵州禅师却青出于蓝而胜于蓝，甚至成就超过南泉禅师。

　　所以就有学僧问赵州禅师说："听说您是南泉禅师的真传弟子，请问他传了什么禅法给您？"

　　赵州禅师回答："镇州大萝卜。"

　　又有一次，另一位学僧请示赵州禅师："老师！有修行的人像什么样子呢？"

　　"我正在认真地修行。"

"老师不是已经证悟了吗？为什么还要修行呢？"

赵州禅师莞尔一笑，答道："佛陀成道后，还是要托钵乞食，我当然也要穿衣吃饭。"

学僧不解地问："这是日常琐碎事情，我要知道的是什么叫修行？"

赵州禅师怒喝："那你以为我每天都在做什么？"

◎ **养心法语**

南泉禅师传了什么禅法给赵州禅师，这是不可说的，说得出的那也不是禅法的真传。不过学僧既然问了，赵州禅师也不得不答，一句"镇州大萝卜"，主要就是告诉他，镇州盛产大萝卜是非常平常的事，禅法没有另外特别的东西可传，一切都要从平常心去体悟。

禅，不一定非要改变外面的环境，镇州盛产大萝卜，就让他镇州盛产大萝卜；禅，要紧的是改变内在的自己，既然要改变自己，你何必管它传法不传法。正如穿衣吃饭就是赵州禅师的修行，假如你认为这是琐碎的事情，你就失去平常心。失去平常心的人，怎么知道赵州禅师每天在做什么呢？

快乐犹如洒香水，
洒向别人，
自己也会沾上几滴；
悲伤好比打麻药，
折磨自己，
别人丝毫替代不了。

菩提本无树

禅门五祖弘忍大师在黄梅讲禅说道。有一天，他想把大法衣钵传给弟子继承，就告诉弟子们每人各作一首偈语，然后他从偈语中所呈现的境界、参禅的心得来决定将衣钵传给谁。

当时在黄梅的众多修道者当中，最受大众推崇的就是上座弟子神秀禅师，神秀作了一首诗偈："身是菩提树，心如明镜台；时时勤拂拭，勿使惹尘埃。"

大家看了都赞叹神秀禅师的境界很高，但是五祖弘忍禅师看了以后，却批评说："诗词的文意是不错，但是尚未见道，还未开悟。"

这时在舂米房里舂米、砍柴、担水的慧能，看了心中也有所感，便请人在墙上题一首偈语："菩提本无树，明镜亦非台；本来无一物，何处惹尘埃？"

五祖弘忍大师见了以后，认为慧能才是真正见到诸法空性、悟入禅道的人，因此后来就把大法衣钵传给了他，成为禅宗的六祖大师。

◎ 养心法语 ————————————————

　　我们从这两首偈语可以看出神秀的境界虽然很高，但是仍然不免于有相有为，有所造作；而慧能"诸法无所得空"的智慧，视世间的一切本来无所失，又何来所得呢？所以神秀的"身如菩提树"这一首偈语是在"有"上用功夫；慧能说的"菩提本无树"是在"无"的上面见真章。

　　"有"和"无"二而为一，一亦为二，但是无比有的境界又更进了一步，难怪五祖弘忍大师要把衣钵传给慧能。慧能大师最后在中国文化上果真放出灿烂智慧的光芒，其实从这个时候就已看出他禅道之高了。

不争人我

昭化道简禅师追随云居道膺禅师学道很久，虽已得到老师的印可，仍继续留在云居山分担寺务，因其戒腊最高，人称堂中首座。

道膺和尚即将圆寂时，侍者请示说："老师，有谁可以继嗣您的法脉？"

道膺禅师回答："堂中简首座也。"侍者没有听懂，误以为是从堂中拣选，就与众僧商议，推举其他人为堂主。

当时昭化禅师已经密承师命，并无谦让推辞的意思，当仁不让地就持具登上方丈法座，开堂说法。其他人等心生不满，昭化禅师知道后，毅然下山离开。

当天晚上，山神号泣，声贯如雷。大众这时才知犯了大错，赶紧连夜赶路，追回昭化禅师，向他忏悔罪过，祈求昭化禅师归院领众。此时山神又连声欢呼："和尚回来了！和尚回来了！"

有位学僧向昭化禅师问道："维摩诘居士就是金粟如来吗？"

昭化禅师答："是的！"

学僧疑惑地问："既然维摩诘居士就是金粟如来，为什么释迦牟尼佛讲经说法时，已是如来的维摩诘，还要来听法呢？"

禅师大喝道："因为他不争人我！"

◎ 养心法语 ————————————————

"要得佛法兴，除非僧赞僧"，成圣者也是"佛佛道同，光光无碍"。金粟如来到佛陀处听法，无非是为了弘法、护法、兴盛法场，并没有你我、大小之分。一般人因为我执未破，所以才有你我、男女、好坏、高低的分别相。

学禅，要学心里的富贵，对于世间上的功名富贵，荣辱毁誉，不要太认真，要"提得起，放得下"，

166

才能有开阔的人生。尤其在大众中，要树立慈悲、道德、忍辱、牺牲的道风，在生活中不争人我，才不失修道者的形象。

老做小

有信徒到寺院找住持讲话，坐定之后，只见年轻的住持立刻吩咐一旁的老禅师说："您赶快去上茶。"

不一会儿，住持又说："请去切一盘水果。"

住持和信徒讲过话之后，又对老禅师说："你陪客人聊一聊，之后再带往斋堂用饭，我有事先走了。"

等到住持走出客堂，信徒奇怪地问老禅师说："这位年轻的住持究竟与您是什么关系啊？"

老禅师非常骄傲地回答："他是我的徒弟呀！"

信徒大惑不解："他既然是您的弟子，为什么对您这么没礼貌，一下子指挥您做这个，一下子又指挥您做那个？"

老禅师欣慰地说："有这么能干的徒弟，是我的福气啊！平时，我只要倒倒茶，切切水果，陪信徒聊聊天就可以了，其他寺内一切的事务都有我徒弟去计划安排，根本不必我操心。我的徒弟对我很好，很顾念我，就怕我忙得太辛苦了。"

信徒听了，仍然满脸疑惑："你们究竟是老的大？还是小的大？"

老禅师微微一笑，说："当然是老的大，但是小的有用呀！"

◎ 养心法语 ————————————————————

有句俗谚："和尚要能老，老了就是宝！"常有信徒供养僧众，是供老不供小，护持僧众也是护老不护小，以为老的大，幼的小。其实，这些人不懂得王子虽幼，将来却可以统领国家；沙弥虽小，将来终会成为法王！

无德禅师不轻后学，心量广大，能超越一般世俗的老尊少卑观念，随缘知足，这就是禅的平等观了。

活的快乐

有三位愁容满面的信徒，心里满怀着烦恼不安，相约去请教无德禅师，如何才能使自己活的快乐。

无德禅师叫他们先说说自己活着的理由。

信徒甲："因为我不愿意死，所以我活着。"

信徒乙："等到我老年时，儿孙满堂，一定会比今天好，所以我活着。"

信徒丙："我有一家老小靠我养活，所以我要活着。"

无德禅师听完这三个人的陈述，然后才说："你们当然都不会快乐！因为你们活着，只是由于恐惧死亡，或是等着年老，或是有不得已的责任，当然不可能活得快乐。"

三人听了齐声问道："请问禅师，我们要怎样生活才会快乐呢？"

无德禅师反问："那你们要得到什么才会快乐？"

信徒甲："有了金钱，我就会快乐。"

信徒乙："有了爱情，我就会快乐。"

信徒丙："有了名誉，我就会快乐。"

无德禅师深不以为然："你们有这种想法，当然永远不会快乐。要知道，有了金钱、爱情、名誉以后，烦恼忧虑就会随之而来。"

"那我们该怎么办呢？"三人无奈地问。

无德禅师说："办法是有，只要你们能先改变观念。金钱不是为储藏、拥有，是要布施才会快乐。爱情不是占有，是要肯奉献才会快乐。名誉也不是用来炫耀，要服务大众，才会有快乐啊！"

◎养心法语 ——————————

禅的境界是自主、是解脱、是安静、是快乐，也是增加快乐的泉源。钱少没有关系，只要有禅，禅里的宝藏很多；没有爱情没关系，禅里有更多美化的爱情；没有名位，禅里有更神圣崇高的名位。重要的是，心里要尽力养成这种自尊自重的信心，那才是快乐之门。

饥来吃饭困来眠

日本的俳句诗人种田山头火与大山澄太这两位禅者，因为禅和俳句而结为知己。

有一次，大山澄太经过种田山头火所住的庵舍，被周遭的溪水群山、蝉鸣鸟叫，以及鲜嫩的草香所吸引，不知不觉便驻足观赏，看得忘神。

"唉！澄太君，是吗？"远远的走廊那头，种田山头火亲切地叫唤着初识未久的大山澄太。

大山澄太立刻朝声音的来源处回答："我是！"

"咚、咚、咚"只见种田山头火赤脚跑了过来，大山澄太都还没定神，便一把被带上走廊，"现在正好是中午吃饭时间，我刚做好饭，来吃饭吧！"

种田山头火很热情地将大山澄太迎进屋里，笑得很开心。

到了屋内，种田山头火让大山澄太坐下，然后端了一大碗饭，放在榻榻米上，说："吃吧！"

大山澄太捧起碗，吃了几口之后，这才发现种田山头火并没有吃饭，只是看着他吃，于是问道："你怎么不一起吃呢？"

种田山头火搔搔头，笑着说："我这里很简陋破旧，什么也没有，就只有一副碗筷，你先吃吧！"

大山澄太立刻囫囵吞枣地把饭吃完，赶紧将碗筷交给种田山头火。

种田山头火接过碗筷，连洗都没洗，马上盛了一大碗热饭，头也不抬，就大口地吃了起来。

◎ **养心法语** ————————————

种田山头火与大山澄太这二位禅者，既是诗人，也是参禅的人，他们可说是真正放下了人间的荣华富贵，走入大自然，与青山绿水、鸟鸣虫叫生活在一起，可见得他们的心中，已不计较人间的万事。

但是这个色身总要维护，所以禅门有云"饥来吃饭困来眠"，因此种田山头火要大山澄太"吃个饭吧！"大山澄太也不客气，直接拿起饭碗就吃了。扒了几口饭之后，他才发觉到，原来只有一个碗、一双筷，怎么能够二个人共餐呢？于是匆匆忙忙地就把饭吃了，因为总要为还在饿着肚子的人着想啊！而种田山头火这位禅者也不忌讳，拿起饭碗，也不讲究你我分别，就这么饱餐一顿了。

像这样，如此的洒脱，如此的不分别，无论人间生活也好、友谊也好、修行也好，不就是这样了脱吗？

拾得驱牛

　　唐朝天台山国清寺的拾得禅师，向来以颠狂的举止、怪诞的行为来警醒世人。有一次，寺内伽蓝殿供奉的食物，被乌鸦给啄了，拾得就杖击护法伽蓝的木像，还一边大声责骂："你连供饭、供菜都不能护守，还能护持伽蓝吗？实在是有失职责，该打，该打！"

　　当天晚上，寺里的僧众梦见伽蓝来投诉："拾得打我！"隔天一早，众僧彼此述说昨晚的梦境，赫然发现大家的梦境全然相同，不禁一阵哗然。

　　之后，拾得在国清寺担任牧牛的工作，某天正值寺中举行布萨，拾得竟然驱赶了一群牛到禅堂前，然后倚着门抚掌大笑说："这么多的僧众聚会，大家究竟所为何来呀？"

　　首座看见拾得这样疯癫的言行，即刻呵斥："疯人，你怎么牧牛牧到堂口来，你不知道这样是扰乱说戒吗？"

拾得笑嘻嘻地回答首座说："我不是在牧牛啊！"

首座反问拾得说："好！你倒说说看，你把牛赶到堂口来是什么意思？"

拾得走到牛群当中，指着牛说："这些牛过去生都是国清寺的职事僧人。"

说罢，便一一唱名过去亡僧的法号，意想不到的是，牛竟然都应声上前。大家目睹这样的情景，无不骇然，纷纷自省己过。

◎ 养心法语 —————————

寒山、拾得是两位游戏人间的圣僧，他们两个人如兄如弟，怪异的趣事很多，好像是一对活宝般，言行却往往发人深省。

他们怪诞的行事，就如拾得禅师把牛群赶到禅堂前，当然立刻被禅堂的领导者所呵斥，但拾得却说出令人惊讶的话：请不要看它们是牛，其实它们当初也是禅师啊！例如那一只牛正是某某，拾得每叫出一个名字，就真的有一只牛上前颔首示意。

　　禅堂的众僧看见这种光景，不免暗自心惊，自省如果只是一味地盲修瞎练，到最后愚痴如牛马，也是枉然。这群被拾得赶到堂口来的牛，让禅僧生起了大警惕，深切反省自己的用功行道，必须要重视禅门的灵巧，要有禅心悟道，不然最后就会像一群没有智慧的老牛一样，这是不成的。

仙崖画猫

日本的仙崖义梵禅师是一位极有人情味的禅门大德，他的禅法普遍圆通，不受拘束，常常以幽默风趣的对话来启悟学人。为了让各方人士都能够亲近佛法，他也常以书画作为接引入道的契机。尤其，他的禅画简洁又饶富禅机、禅趣，在当时堪称一绝，因此他的住处经常有不少慕名前来求画的访客。

有一天，有位居士特地前来拜访仙崖禅师："禅师！听说您擅长绘画，我久闻盛名，今天能否劳动大笔，赐我一幅画呢？"

居士嘴里虽然说得客气，仙崖禅师却看出这位求画的居士，其实心里并不信服，而且相当的贡高我慢。仙崖禅师当下也不说破，即刻应声说好，接着摊开桌上的画纸，拿起画笔，很快地完成了一幅画。

这位居士走过去一看，画里面是一只老猫，两只前爪攫住了鱼骨在啃食着，旁边还有一行字，写的是："南无佛、南无佛、南无佛……"

求画的这位居士皱着眉头，不解地问："禅师！您画的这幅画是什么意思？"

仙崖禅师说："你还没发觉到吗？虽然满口念着'南无佛、南无佛、南无佛'，实际上嘴里还啃着鱼骨头，满心的贪嗔愚痴邪见，又怎么能和所求相应呢？"

居士心知禅师以画来嘲讽自己，不敢再说什么，涨红着一张脸，讪讪而退了。

◎**养心法语**

一个求法者、求道者，心态上应该要谦虚，因为佛法在恭敬中求。假如心中带有成见，老是以成见来解释这许多禅师大德的意思，那就无法相应了。好比一个茶杯，已先装满了饮料，其他的饮料就装不进来了；就算还能装进一点，也是变质的饮料，不再是原味了。

所以，仙崖禅师对于来意不诚的问道者，只有画一只边啃鱼骨头边念佛的猫，以讽刺来客怎么能与佛道相应，让他知难而退，这也很正常啊！

石头的主人

有人送了一颗石头给无德禅师，并且一再强调说："师父！这是一颗世间罕见的石头，不但有天然的山水画，而且石上的竹林，仿佛有竹林七贤在下棋，奇妙无比。我特地送来给师父，请您务必收下。"

无德禅师接受了以后，嘱咐侍者将它放在客堂里供大众欣赏。不久，有关这块石头珍奇不凡的消息就传了出去，许多奇石专家纷纷慕名前来观赏。

有人对无德禅师说："这块石头如果拿到英国大英博物馆或法国卢浮宫，收藏价值一定很高，您可以先卖给我，让我去转卖。"

无德禅师毫不考虑地回答："那不是这块石头的归宿。"

接着，又有人向禅师说："这块石头太奇妙了，你就卖给我吧！我可以献给上级领导，说不定他一高兴，就会赏给我个一官半职。"

无德禅师淡淡地说："那也不是这颗石头的希望。"

后来，有一位信徒前来拜访无德禅师，他在客堂里一看到石头，便忘情地专注欣赏，左看右看，看了许久，叫他吃茶，他都说等一会儿；叫他吃饭，他也回应不要紧，就一直盯着石头瞧。

无德禅师终于说："你很喜欢这颗石头吗？"

他回答道："禅师，这块石头太奇妙了，真是人间的稀世珍宝。"

无德禅师一听，毫不犹豫地说："这是人家赠送我的，既然你欢喜，我就把它转送给你了。"

信徒非常高兴地问道："能这样吗？"

禅师说："这颗石头真正的主人，就是喜欢它的人。"

◎养心法语

"宝剑赠烈士，红粉予佳人"，自古以来，一匹名驹，要送给善骑的人；一副精致的棋盘，要送给会下棋的人。世间上，万物的价值在能相得益彰，一个富可敌国的商贾，你送给他一块黄金，对他又算什么呢？对一个穷途潦倒的书生，你假如给他少许的奖励，他可能飞黄腾达。寒冷的时候，要给人衣履；饥渴的时候，要给人餐饮。世间万物，只要为人所欢喜、为人所需要，那不是很相宜吗？

是谁偷吃鱼？

　　有位在寺院里做义工的信徒，有一天在大雄宝殿前的丹墀打扫，忽然发现了一堆鱼骨头，他大吃一惊，赶紧放下扫把，直奔方丈室，气喘吁吁地向住持大和尚仙崖义梵禅师报告："禅师，禅师，不得了了！不知道是谁偷吃鱼，被我发现了。"

　　仙崖禅师问信徒："你看到谁偷吃鱼吗？"

　　信徒说："不是，只看到鱼骨头。"

　　仙崖禅师再问："是谁吃的鱼骨头？"

　　信徒回答："我只是发现鱼骨头。"

　　仙崖禅师又问："在哪里？"

　　信徒说："就在大雄宝殿前面角落的大榕树下，我发现竟然有鱼骨头。"

　　仙崖禅师很平常心地说："不会有人偷吃鱼啦，是猫偷吃的吧！"

信徒不以为然地说："可是我们寺中没有养猫啊！"

仙崖禅师说："鱼骨头就鱼骨头，随它去了。"

信徒瞪大眼睛说："那还得了！清净的寺院道场怎么可以有鱼骨头呢？"

仙崖禅师看信徒一脸严肃的样子，也正色说："既然你发现了，你把它吃了就算了。"

信徒说："鱼我都不吃，我怎么会吃鱼骨头？"

仙崖禅师说："你未发现鱼，当然不吃鱼；你发现了鱼骨头，就吃鱼骨头。"

信徒一时语塞，对于禅师之言若有所省。

◎ 养心法语 ——————————

信徒在寺院发现了鱼骨头，想当然必定是有人把鱼吃了，把残余的鱼骨头丢弃在地。佛教的寺院道场，虽是僧人所居，但是社会上的各方游客也经常来往。信徒发现了鱼骨头，也不值得大惊小怪，几根鱼骨头，难道就把信心吓跑了吗？所以住持大和尚为了给他开导，直接加把劲说，你把他吃了吧，不就没有事了吗？

　　俗语说："捉贼要捉赃，抓奸要成双。"可见这位信徒太不能担当，太过小题大做。在世间上，不要说人吃了鱼，扔下了鱼骨头；甚至人杀了人，尸骨暴露在路边的也有所闻。要抓凶手，若没有当场人赃俱获，就不应该多加揣测。

何处蹲立？

朝鲜天台宗的开山祖师义天法师，他是高丽文宗的第四个儿子，十一岁便跟从灵通寺烂圆法师出家，开始修习"华严学"。

义天很早就怀着入宋求法的心愿，一直到北宋神宗时，才如其所愿，偕同弟子，奉国家之命到大宋参学。

入宋之后，他先后参访了大觉怀琏、佛日契嵩、慧林宗本等五十多个禅林大德，不但修习华严学，还修习天台、律、禅等。

他在参谒慧林宗本禅师的时候，二人曾针对"佛身"问题，留下了一段公案：

义天法师久仰慧林宗本禅师的德行，特地执弟子礼前往拜访，并与慧林宗本禅师探讨起自己修习过的《华严经》，慧林宗本禅师于是问他："《华严经》中的佛身，是法身说，还是应身说呢？"

义天法师胸有成竹地回答："法身说。"

慧林宗本禅师进一步问："佛以法身宣讲《华严经》，而法身是遍满虚空，充塞法界，他已把虚空遍满了，法界充塞了，在场的听众又应该坐在哪里呢？"

义天法师顿时一片茫然，不知该如何回答，心生惭愧，因而精进禅观，后来证悟了华严法界彼此互融之理，成为高丽华严的祖师。

◎养心法语

慧林宗本禅师问义天："法身遍满虚空，充塞法界，听众坐在哪里？"义天假如用"光光无碍，法法相通"来回答，就能了事了。

一个灯亮起来之后，再来二盏灯、三盏灯、五盏、十盏……灯光彼此不会互相妨碍的，不会像人间有我无你，你亮你的，我亮我的。因为理和事不同，事是有相、有碍的，理是通达的。法身是理，"竖穷三际，横遍十方"，无所不在，无所不融，一个不是少，万千不是多，多就是一，一就是多，相互相融相摄，相应之理，何有彼此障碍呢？

何须神光？

　　雪峰义存禅师，是泉州南安（今属福建）人，十七岁时剃发出家。几年后，在河北幽州宝刹寺受具足戒。之后，在各个十方丛林参学，然后到武陵德山宣鉴禅师的座下学习，在得到他的法后，回到福州象骨山创建寺院，开演教法。由于这座山终年寒冷，未冬先雪，所以有"雪峰"之称，义存禅师就以"雪峰"作为自己的名号。

　　有一天，一位年轻的僧人去拜访雪峰禅师。

　　雪峰禅师看了他一眼，开口问道："你从什么地方来？"

　　僧人恭敬地回答："学人从神光和尚那里来。"

　　雪峰禅师听了，瞪着他说："我问你，白昼的光称为'日光'，夜里的光称'夜光'，那么神光是属于日光，还是夜光呢？"

僧人被这么一问，一时哑口无言，不知该如何回答。雪峰禅师哈哈一笑，代替他答道："日光在白天，夜光在夜晚；昼夜日月，不都是一家亲吗？何必要有'神光'呢？"

◎ 养心法语 ——————————

佛教承认大自然虚空的存在，佛教也承认在一切众生当中，有许多人都是诸佛菩萨。佛菩萨是人，不是神；神，讲究权威、讲究利害，有赏善罚恶、有喜怒哀乐。人为了自己的需要，就创造出很多的神明。实际上，是人在放光，并不是神在放光，天地人、大自然，都光彩夺目，何必搬神弄鬼呢？

所以，禅者希望从神权里超脱出来，坚信自己能顶天立地，才是日月光照啊！

是不是祖师

唐朝的时候，有一位潭州（今湖南长沙）大光山的居诲禅师，京兆（今陕西西安）人，俗姓王，为石霜庆诸禅师的法嗣弟子。

有一天，有一位学僧前来参问道："请问老师，什么是祖师？难道说只有像菩提达摩大师那样的人，才有资格被人尊称为是'祖师'吗？"

大光居诲禅师淡淡地说："不是这样的，菩提达摩并不是祖师。"

学僧听了，又继续追问："既然菩提达摩不是祖师，那他到中土来又是为了什么呢？"

大光居诲禅师回答他："因为你不认识祖师。"

学僧不甚明白，继续问道："那么，要怎么样才能认识祖师呢？"

大光居诲禅师看着学僧微微一笑，说："认识了以后，才知道是祖师，或不是祖师啊！"

◎养心法语 ————————————————

　　佛教里，开宗立派的人称为祖师。在印度有西天二十八祖，在中国禅宗有六祖，其他的净土宗、华严宗、天台宗等，也都有他们各宗的祖师。祖师是有传承的，就等于现在的国家元首，有第一任、第二任、第三任……必须要就位了以后，必须要公认了以后，才能称为祖师。因此，是不是祖师，至少先通过自己去了解认识。

　　广义地说，人人有佛性，人人都是佛，这还不是祖师吗？狭义地说，他必须被推为一宗一派，不是个人说了就算，也不是自己自封就是；等于现今的民主一样，必须要有选票，是不是祖师，还必须要看选票呢！

与哭有什么不同？

唐朝的仰山慧寂禅师，是广东番禺人。十七岁出家，曾经参礼耽源应真禅师，后来又入沩山灵祐禅师门下参禅悟道而受到印可。之后迁住大仰山举扬沩山禅师的道风，有"仰山小释迦"的称号。

当仰山禅师还是沙弥时，有一次和大众一起课诵，一旁的韶州乳源和尚听他的诵经声，不禁皱起眉头，呵斥慧寂说："你这个沙弥，念经不像念经，好像在哭喊一样！"

仰山禅师听了也不生气，气定神闲地回答："我慧寂念经的声音就是这样，不知和尚您的又是如何？"

乳源和尚没有察觉仰山禅师话中有话，还洋洋得意地环顾四周，不予理会。

仰山禅师看他没有反应，于是又说："像您那样在诵经，和我的又有什么不同呢？"

乳源和尚自知理亏，当下脸色一红，从此不敢再轻视仰山沙弥了。

◎ **养心法语** ———————————————————

仰山禅师念经的声音，我们现在没有办法知道被乳源和尚批评像哭喊一样，究竟是悲壮呢？是宏亮呢？是婉转吗？是没有韵律吗？像乳源和尚这样的批评，当然有伤一个青少年的尊严。但乳源和尚遇到了对手，仰山禅师一点也不自卑，反而很坦荡地回问乳源和尚，我念经的声音是哭喊，请问老师您念的声音和我有什么不同呢？

这说明了，精神、韵律都能和声，你的念经与我的差异在哪里？意思是说佛法有不同吗？乳源和尚自知理亏，虽是老师，也就不再去画蛇添足了。

溥儒绘·观音（局部）

眼睛朝向光明，所见皆为亮丽的景色；
脚步踏向善美，所行尽是平坦的大道。

莫出家

南阳慧忠禅师，浙江人。自年幼时即开始学习佛法，初学戒律，擅长于经论，后来仰慕六祖慧能大师盛名，特地前去曹溪参拜。

慧忠禅师初到六祖慧能大师的道场时，六祖问他："你从什么地方来？"

慧忠禅师回答："我从近处来。"

六祖又问："你世缘在哪里？"

慧忠禅师回答："自从父母亲生下我，有了这个色身之后，我已经忘记自己的世缘在哪里了。"

六祖点点头，把他叫到身边，低声问他："老实告诉我，你是哪里人？"

慧忠禅师说："学人是浙江中部人。"

六祖沉思了一下，又问："你从这么远的地方来，有什么事吗？"

慧忠禅师恭敬地回答："学人素仰和尚的道风已久。所谓明师难遇，正法难闻，这次特地前来拜见禅者，再者希望能皈投您的座下出家学道。"说完便要礼拜下去。

　　六祖听了并没有立刻答应，只是神情肃穆地说："我给你一句话：'莫出家！'"

　　慧忠禅师回答："无如我有出家性格。"

　　六祖问："是佛性吗？"

　　慧忠禅师说："出家以后会知道。"

　　六祖大师轻轻地说："可也！"

　　从此慧忠禅师便留在六祖座下参学，多年后获得印可。

◎养心法语 ————————————————

　　古德不重视成佛，也不重视出家，只重视开悟，但出家到达开悟的目标比较容易。出家有四种，一种是身心俱出家，二是心出家身不出家，三是身出家心不出家，四是身心都不出家。慧忠禅师从浙江远道而来广东，就说出他的性格是出家的。因为发了出离心，身心就能和出家法相应，所以后来成为三朝帝王之师。信有缘也！

无法度人

　　唐朝时候的大珠慧海禅师，俗姓朱，生卒年不详，只知道是建州（今福建建瓯）人。他依止越州（今浙江绍兴）大云寺的智道禅师披剃出家，后来，又到洪州（今江西南昌）马祖道一禅师的门下参学，六年之后悟道，便回到越州弘法。大珠慧海禅师著有《顿悟入道要门论》一卷，马祖看了后，曾经有一语评说："越州有大珠，圆明光透，自在无遮障。"所以，后世的人也称慧海禅师为"大珠和尚"。

　　有一天，来了一位年轻的禅僧，他向大珠慧海禅师询问道："老师，我有一个问题请教：什么是佛？"

　　大珠慧海禅师回答："深潭月影，任意琢磨。"

　　年轻的禅僧不明白，又问："这样的说法就能让参学者开悟，了解禅意吗？"

　　大珠慧海禅师微微一笑，答道："不了解的，由他不了解；了解的，让他了解。"

在场的众人听了，都面面相觑，茫然不解。

年轻禅僧又继续追问道："那么，不了解的人应该怎么去了解呢？"

大珠慧海禅师看着禅僧，说："无一法度人。"

这名禅僧张口结舌，无言以对。

◎ **养心法语** ————————————————

在禅门里，很重视接引后学，大珠慧海禅师说"无一法度人"，就是他有不定的法。佛法是无有定法，才是佛法。禅师的千言万语、万语千言，最后归于一切法"无言、无说、无示、无识，离诸问答"，如此，就表示禅心了。

世情冷暖

宋代的东林常总禅师，剑州（今属四川）人，十一岁时依止宝云寺文兆法师出家，后来从建州（今福建建瓯）大中寺契恩律师受具足戒。最初至吉州（今江西吉安）禾山禅智材公座下学习，之后辗转到黄龙慧南门下参礼，成为黄龙慧南禅师的法嗣弟子。

黄龙慧南禅师圆寂后，东林常总禅师迁住靖安（今属江西）泐潭寺，大振禅风，有"马祖再来"的称誉，一时僧信道人往来奔走。之后，又到江州（今江西九江）庐山东林兴龙寺驻锡说法，大兴教化。

一日，东林常总禅师问黄龙慧南禅师说："过去，牛头法融禅师还未遇见四祖道信禅师时，为什么百鸟要衔花供养法融呢？"

黄龙慧南禅师说："国清忠臣贵，学富才子高。"

东林常总禅师又问："见面悟道之后，何以百鸟不再衔花供养了呢？"

黄龙慧南禅师淡淡地说："世情看冷暖，人面逐高低。"

◎ 养心法语 —————————

在禅宗的记录里，四祖道信禅师曾经访问法融禅师。当道信来到的时候，法融禅师旁边的侍从老虎张牙舞爪，道信禅师故意面露惊异之色，法融禅师哈哈大笑说："你还有这个在啊！"待宾主入座，法融禅师就进去厨房准备茶水。当茶水倒来，道信禅师在法融禅师的讲座的位子上写了一个"佛"字，法融禅师一看"啊！"不敢上坐。正愣在那里的时候，道信禅师也哈哈大笑："你也还有这个在啊！"

他们二位大禅师心地的功夫，彼此都很相当。为什么法融禅师没有见到道信禅师前，有百鸟衔花，反而见过道信禅师，悟道之后，百鸟却不再衔花了？黄龙慧南禅师的回答的真正含义是：没有悟道时，是有相供养；悟道之后，一切不住于相了。从拥有到空无，从繁华到寂静，事、理不也正常乎？

生老病死

唐末五代福州安国院的弘瑫明真禅师，今福建泉州人。幼时即不食荤腥，誓愿出家。在龙华寺东禅院受具足戒后，便于雪峰义存禅师门下参学，深得器重，并成为雪峰义存禅师的法嗣弟子。

有一天，一名年轻的学僧慧人，前来问弘瑫禅师说："我们的身体为什么会有老病死生呢？"

弘瑫禅师反问学僧慧人："你有父母吗？"

学僧慧人回答："有，我有父母。"

弘瑫禅师说："这个问题应该问你的父母啊！"接着又说："父母生养你，他们能不知道你的生老病死吗？"

这位学僧听了禅师的话就说："我父母务农，他们没有修行学禅，不知道生老病死。"

弘瑫禅师说："那你可以问自己啊！"

学僧慧人诚实地说："我不明白生老病死。"

弘瑶禅师淡淡地看了学僧慧人一眼，叹口气说："唉，你还在生老病死中啊！"

学僧慧人当下若有所悟，礼拜问讯后，便静静侍立在一旁。

◎ 养心法语 ————————————

老子说："吾所以有大患者，在吾有身。"佛教也说："身为苦本。"因为有身体，才有生老病死，所以父母生了我们，也同时给了我们生老病死。那么我们如何处理生老病死呢？这就要看个人的功夫了。

有人身心健康，表现活力；有人萎靡不振，老态龙钟。有人生而好礼、生而有慧、生而勤劳，各方加以赞叹；也有人生而懈怠、生而愚痴、生而偏执，因而人人讨厌。父母同样都给了儿女身体，可是儿女们各自对自己的身体，处理不一，所以就有更多的生老病死了。人世间，谁不是为着生老病死在忙碌？自己的生老病死、别人的生老病死，这个世界一片的生老病死，我们要离开生老病死吗？那就要追问："父母未生我之前，我是什么面目呢？"

卷四

假如我们的心中有禅，就能大能小，能高能低，一切都能以平常心对待了。

赞美如花香，芬芳而怡人；
助人如冬阳，适时而温暖；
信心如舟航，乘风而破浪；
希望如满月，明亮而美好。

赵州救火

赵州从谂禅师曾依止在南泉普愿禅师座下，负责火头的工作。有一天，赵州禅师想勘验大家，故意关上房门在里边烧火，弄得满屋子烟，而后大叫："救火呀！救火呀！"

大众听到后赶紧跑来，赵州禅师却说："说得契合，我才开门。"大众相望无言。

这时，南泉禅师将锁匙从窗户间递给赵州禅师，赵州禅师便自己开门出来。

又一次，赵州禅师参访黄檗希运禅师。黄檗禅师见赵州禅师来，马上把方丈室的门给关上。赵州禅师于是在法堂上叫道："救火！救火！"

这时，黄檗禅师随即开门，当胸一把捉住赵州禅师："说！说！"

赵州禅师笑答："贼过后张弓。"

禅的高妙，不能以一般世间事相逻辑来论断。禅师的教化，亦是跳脱固定俗套的窠臼，以活泼灵巧的机锋，直指人心。

赵州禅师以火比喻心中之烦恼，生死之火宅，将房门暗喻为吾人心灵自性之门。南泉禅师不答一语，只将锁匙从窗户送入，即表示修行去恶、见性成佛是自家事，唯由自己躬身力行才能成办，非是他人所能代劳。反之，自己不知开门，却冀求门外之人前来救火，则无异是向心外求法，必是了不可得。赵州禅师早知其理，唯欲借此理以勘验大众，怎奈大家都无言以对。

后来赵州禅师参访黄檗禅师，黄檗禅师以赵州禅师的公案反问赵州，赵州禅师立即喊道："救火！救火！"，等到黄檗禅师捉住赵州禅师，要他说出时，反被赵州禅师讥笑是"贼过后张弓"，黄檗禅师一念迟疑，已输了一大步。

南泉镰子

　　有一天，南泉普愿禅师到山上去割草作务，有个行脚僧想前去拜谒禅师，却不识迎面而来的人，正是南泉普愿禅师本人，还向他问路说："请问南泉路向什么地方去？"

　　南泉禅师没有直接回答，反而举起手中的镰子，说："我花了三十文钱买到这把镰子！"

　　行脚僧不解禅师的话中之意，还愣愣地反问道："我不是向您问这把镰子，我是问您往南泉的路怎么走啊？"

　　南泉禅师仍然自言自语地说："我这镰子利，使得正快！"

　　行脚僧问的是南泉路，但是南泉普愿禅师却以"我花三十文钱买到这把镰子"回应之，这种看似答非所问的回答，正是禅师的随机开示。南泉禅师以手上的镰子说法，显示禅就在当下的寻常生活里，只要能用心体会，处处都有禅机，活泼地展现出禅立处皆真的特色。

　　道不假外求，当下即是，觅即不得。因此，道就在眼前，此外别无他理，别无他路，何必再问什么南泉路呢？奈何行脚僧无法与南泉禅师印心，只懂得问有形有相的南泉路，却无法会意南泉禅师的机锋，行脚僧若能会得，就能找到自家宝藏。

　　每个人的心中，都有一把快利好使的镰子，能够斩断我们的烦恼葛藤，割除我们心里的无明杂草，只可惜大多数的人，往往放着自家宝藏不顾，反倒四处向外追寻，却不懂得自心里便有珍宝。

贵耳贱目

　　唐代的时候，有一位名叫李翱的朗州（今属贵州）刺史，相当仰慕药山惟俨禅师的德行，于是亲自前往参谒，正巧禅师坐在树下阅读经书，虽然一旁的侍者提醒禅师"太守在此"，可是禅师仍然专注于经卷上。

　　李翱终于按捺不住，愤愤地说了一句："见面不如闻名！"说完以后，本想拂袖而去，不料惟俨禅师却冷冷地问道："刺史何以贵耳贱目？"意思是，你听说我这个人很了不起，便亲自探访；待亲眼见到了，又觉得不过如此。

　　短短的一句反问，听得李翱心有所动，于是转身拱手致歉，并请教："如何是道？"

　　此时，惟俨禅师以手指天再指地，然后问李翱说："会吗？"

李翱困惑地摇摇头，说："不会。"

惟俨禅师就说："云在青天水在瓶。"

李翱听了以后，立刻向惟俨禅师顶礼，并说了一首偈语：

练得身形似鹤形，千株松下两函经；

我来问道无余说，云在青天水在瓶。

◎养心法语 ——————————

今日的社会，人与人初见面时，总喜欢说"久闻大名"，其实心中可能在想"不过如此"，这就是"贵耳贱目"，有谓"见面不如闻名，闻名不如死后说好"。

李翱位居高官，以儒者自居，自然性情倨傲，又怎么能忍受惟俨禅师的冷漠，这正是禅与儒深度不同的缘故。

假如我们的心中有禅，就能大能小，能高能低，一切都能以平常心对待了。

要坐哪里？

有一天，佛印了元禅师在金山寺登坛说法，大学士苏东坡听说老友佛印禅师将要说法开示，特地赶来参加。可是等到苏东坡来到寺院的时候，座中已经坐满了人众，再也没有空位。佛印禅师看到这种情形，便对苏东坡说："人都坐满了，此间已无学士坐处。"

苏东坡向来好禅，一听佛印禅师这么说，他马上机锋相对，回答佛印禅师说："既然此间无坐处，那么我就以禅师的四大五蕴之身为座如何？"

佛印禅师听了微微一笑，知道苏东坡即将与他论禅，于是不疾不缓地说："学士！我这里有一个问题请教，如果您回答得出来，那么我老和尚的身体就当您的座位；如果您回答不出来，那么您身上的玉带就要留在本寺，作为永久的纪念。不知学士意下如何？"

苏东坡一向自命不凡，认定自己必胜无疑，尤其在大众面前，更是不能示弱，便答应了佛印禅师。

佛印禅师于是开口问苏东坡说："人身是四大本空，五蕴非有，请问学士要坐哪里呢？"

苏东坡闻言为之语塞，无话可答，就这么输了玉带。

◎ **养心法语** ————————————————

佛印禅师的一句："要坐哪里呢？"问住了苏大学士，因为这是世智辨聪所无法回答的问题。我们的色身是由地水火风等四大所假合而成的，没有一样实在，如何能安坐于此呢？

所以，苏东坡的玉带因此输给了佛印禅师，至今还留存于江苏镇江郊外的金山寺。

一室六窗

有一天，仰山慧寂禅师请示中邑洪恩禅师说："为什么我们不能很快地认识自己的本来面目？"

洪恩禅师回答："我向你说个譬喻吧！例如在一间有六个窗户的房子里，有一只蹦跳不停的猕猴，窗外有猕猴从东边的窗子向室内叫唤它，室内的猕猴也立即回应。如是六窗，俱唤俱应。"

仰山禅师知道洪恩禅师的意思是说：吾人内在的眼、耳、鼻、舌、身、意六识，追逐外境的色、声、香、味、触、法六尘，鼓躁烦动，彼此纠缠不息，因此才不能很快地认识自己。

仰山禅师于是起身礼谢："适蒙和尚以譬喻开示，无不了知。现在学人想请教：如果内在的猕猴睡着了，外面的猕猴欲与之相见，那么又该如何？"

洪恩禅师于是走下绳床，拉着仰山禅师手舞足蹈地说："猕猴与你相见了！好比在田地里，为了防止鸟雀偷吃禾苗稻穗，就立一个稻草假人。所谓'犹如木人看花鸟，何妨万物假围绕？'"

仰山终于言下契入。

◎ 养心法语 ———————————

　　吾人为什么不能认识自己？主要是因为真心久被尘劳封锁。由于真心被六尘盖覆，妄心反而成为自己的主人，时时刻刻攀缘外境，心猿意马，不肯休息。

　　人的身体犹如一座村庄，当主人被幽囚，村庄为六个强盗土匪（六识）所占据，六识就在村庄里兴风作浪，追逐六尘。人体的村庄不就如一室六窗，六识六尘进进出出，怎能安宁，怎能平静？

　　禅，就是要我们把尘劳放下，不再以六识去分别，而用真心来看待世间，才能超越世俗的纷扰挂碍。

不变应万变

有一位寿州道树禅师，他建了一座寺院，院址恰与道士的道观为邻。道士看到寺院建在他的道观旁边，心里很不高兴，想逼道树禅师把佛寺迁走。于是，道士们每天不是呼风唤雨，就是撒豆成兵，以法术将佛寺中的年轻沙弥们全都吓走了。可是道树禅师不为所动，在这座寺院里一住就是十多年，到了最后，道士们的法术神通都用尽了，再无伎俩可施，可是仍然看不惯佛寺就位于自己的道观旁，因此只得忍痛放弃道观，远走他处。

后来，有信徒问道树禅师说："那许多的道士们，神通广大，法术高强，您怎么能胜过他们呢？"

道树禅师说："我能够胜他们的只有一个字——'无'。"

信徒问："'无'怎能胜他们呢？"

道树禅师说："他们有法术、有神通，'有'是有限、有尽、有量、有边。而我没有法术；没有法术是无，'无'是无限、无尽、无量、无边。无能胜有，因为以不变应万变；'有'会变，可是'无'不变；不变能胜过会变。所以，我的'无'——不变，当然就胜过他的'有'——万变了。"

◎养心法语 —————————————————

人生在世，难免会遇到一些艰难挫折，最重要的就是自己要肯定自己，要能处变不惊，以不变应万变，保持定力，安忍度过人生各项考验的关卡。

道树禅师这种以不变应万变的禅心，倒是今天身处在喧嚣社会里的我们，最好的生活态度。

寸丝不挂

　　唐朝的时候，温州净居寺有一位玄机比丘尼，她住在大日山的石窟中，打坐参禅。

　　有一天，忽然升起一个念头："法性湛然深妙，原本没有来去之相，我这样厌恶喧哗而趋向寂静，算不得是通达法性的人。"

　　有了这样的想法后，便立刻动身去访问当时大名鼎鼎的雪峰义存禅师。

　　雪峰禅师见到玄机比丘尼，就问道："你从什么地方来？"

　　玄机比丘尼回答道："从大日山来的。"

　　雪峰禅师一听，就问道："太阳出来没有？"意思是说，从大日山来，太阳出来没有？悟道了没？

　　玄机不甘示弱，就答道："假如太阳出来，会把雪峰融化！"意思是，假如已觉悟的话，哪里还有你雪峰禅师？哪里还要来问你呢？

雪峰禅师见其出语不凡，便再问："你叫什么名字？"

比丘尼回答："我叫玄机。"

雪峰禅师一听到这个名字，又问："你一天能织多少？"

玄机比丘尼回答道："寸丝不挂！"意思是已经解脱尽净了。然后玄机就转身而退，才走了三五步，雪峰禅师又说："喂，你的袈裟拖在地下了！"

玄机比丘尼连忙回头看自己的袈裟，雪峰禅师哈哈大笑说："好一个寸丝不挂！"

◎养心法语 ————————————————

玄机比丘尼和雪峰禅师的对话，可以看出禅不同的境界。玄机的话是捷辩，不是禅，雪峰禅师的一句"好一个寸丝不挂"才是禅机！所以，一个人的实际修持，是开悟了，或是没有开悟；是解脱了，或是没有解脱，从谈话里面，禅师们都会把你问出来、考出来，或者是暗示出来。禅门的深浅，从对答中，就可以分出高下。

还好有我在

云岩昙晟禅师与长沙的道吾圆智禅师，同是药山惟俨禅师的弟子，两人非常的要好。道吾禅师四十六岁才出家，比云岩大了十一岁。

有一天，云岩禅师生病，道吾禅师去探望时问他："离却这个壳漏子，向什么处再得相见？"意思是：往生以后，我们在哪里相见？

云岩禅师毫不迟疑地回答："不生不灭处相见。"

道吾禅师不以为然，提出不同的意见："何不道非不生不灭处见？"

说完也不等云岩回答，拿起斗笠便往外头走去。云岩禅师叫道："请停一下再走，我还有话请教。你拿斗笠做什么？"

"有用处！"

云岩禅师追问："风雨来时，做什么用？"意思是大风大雨时，一顶斗笠有什么用？

道吾禅师答："覆盖着。"

云岩禅师："他还受覆盖也无？"

道吾说："虽然如此，要且无漏。"

云岩禅师病愈后，口渴煎茶。

道吾禅师问："煎茶给谁吃？"

云岩答："有一个人要吃！"

道吾禅师问："为什么他自己不煎？"

云岩回答："还好有我在！"

◎养心法语

云岩和道吾禅师是同门师兄弟，道风却不同。道吾禅师活泼热情，云岩禅师古板冷清，但两人在修道上互勉互励，彼此心中从无芥蒂。二人谈论生死，有道在生灭处相见，有道在无生灭处相见。生灭与不生灭，其实在禅者心中一如也。

道吾禅师拿一斗笠，是让本性无漏也。在佛法里，漏就是烦恼的意思。能无漏，就是远离烦恼，即为完人。病中的云岩禅师论生死，非常淡然。煎茶时道"还好有我在"，如此肯定自我，不堕生死，不计有无，这就是禅的解脱。

割耳救雉

唐代有位智舜禅师，他一向在外行脚云游。有一天，他在山林里打坐参禅，远远看到一名猎人，打中了一只野雉，野雉一路负伤逃到禅师的座前，智舜禅师看了不忍，便小心掩护这只虎口逃生的小生命。

过了一会儿，这位猎人跑来向禅师索讨野雉："请将我射中的野雉还给我！"

智舜禅师耐着性子，以无限的悲心劝说猎人："野雉也是一条生命，你就放过它吧！"

猎人不耐烦地说："你要知道，那只野雉可当我一餐美味的菜肴啊！"

禅师试着用因果、罪业的道理开导猎人，但是猎人不为所动，仍旧坚持要讨回野雉。由于猎人一直和禅师纠缠不清，禅师无奈，最后就拿起行脚时防身用的戒刀，把自己的耳朵割下来送给猎人，并说：

"我这两只耳朵够不够抵你的野雉呢？"

猎人被禅师舍己护生之举所震慑，终于觉悟到打猎杀生是件残忍的事。

◎ **养心法语** ————————————————

智舜禅师为了救护生灵，不惜损伤自己的身体，这种"但愿众生得离苦，不为自己求安乐"的美德，正是禅师慈悲的具体表现。

真正的禅者，不是逃避社会，远离人群，而是积极地力行舍己救人。从智舜禅师的割耳救雉，可见一斑。

人类为了满足自己的口腹之欲，不断地滥捕滥杀，使得很多的珍禽异兽已濒临灭绝。希望今天的社会，慈悲心能随着物质的富裕而增加，不要只是为了自己的一念之贪，而滥杀损伤无辜的生命。

真正敬佛

在一个严寒的冬夜里，有一个乞丐以颤抖的手去敲明庵荣西禅师的庵室，泫然欲泣地诉说："禅师！我的妻子与子女已经多日未进粒米，我尽其所能地想给他们温饱，却始终不能办到。连日来的霜雪，使我又旧疾复发，现在的我实在是精疲力竭，如果再这样下去，妻小都会饿死。禅师！请您帮助我们！"

荣西禅师听后，颇为同情，但是身边既无钱财，又无食物，如何帮助他呢？想着，想着，不得已只好拿出准备替佛像涂装用的金箔，然后对乞者说："把这些金箔拿去换钱应急吧！"

当时，座下的许多弟子都以一种惊讶的表情看着荣西禅师，不满的情绪全挂在脸上，并且抗议说："老师！那些金箔是替佛装金的，您怎么可以轻易地就送给别人？"

荣西禅师和悦地对弟子说："也许你们会对我的做法无法理解，可是我实在是为尊敬佛陀才这样做的。"

　　弟子们听不懂老师的话，愤愤地说："老师！您说是为了尊敬佛陀才这么做的，那么我们要是将佛陀圣像变卖，将钱用来布施，像这样不重信仰也是尊敬佛陀吗？"

　　荣西禅师说："我重视信仰，我尊敬佛陀，即使下地狱，我也要为佛陀这么做！"

　　弟子们不服，口中喃喃说道："把装修佛像的金箔送人，这叫作敬佛吗？"

　　这时，荣西禅师终于大声地斥责弟子："佛陀修道，割肉喂鹰，舍身饲虎，在所不惜，佛陀是怎么对待众生的？再想想你们自己，你们这是认识佛陀吗？"

　　弟子们这时才明白荣西禅师的大慈悲，原来老师的做法，才是真正与佛心相契的。

◎养心法语 ——————————

　　佛陀有三十二相，八十种好的庄严，就是修行慈悲积聚功德而成的，所谓"无缘大慈，同体大悲"，只要有益于众生，钱财房舍、田园宅第、身体性命，全可布施，金箔又算得了什么？荣西禅师的行为，是真正奉行了佛陀的慈悲。你不必是他的亲人，也不必对他有什么利益，他都施予同体的慈悲。佛陀心中的众生，我们为什么只为了金箔，就把他分开呢？

禅与牛

石巩慧藏禅师某天在厨房作务，马祖道一禅师看见了就问："你在做什么？"

石巩禅师答道："牧牛。"

马祖禅师再问："怎么牧？"

石巩禅师回答："牛想跑时，我就拽住牛鼻子，将它拉回来。"

马祖禅师听了非常欢喜，赞美说："你真的知道如何牧牛了。"

后来，马祖禅师的弟子百丈怀海禅师在接引学子时，也常以"牧牛"来譬喻。有学僧问百丈禅师："学人想学成佛，请慈悲指示弟子如何入门才好？"

百丈禅师回答："就像骑牛觅牛。"

学僧再问："如果找到了牛呢？"

百丈禅师说："那就骑牛回家。"

学僧又继续追问："如何保证牛不再跑了呢？"

百丈禅师听后，安然回答："将牛看紧，不让它去践踏别人的稻田。"

与百丈禅师同是师兄弟的南泉禅师，有一天在散步时，看到浴头（管理浴室的职事）正在烧水，就顺口说："水烧好后，不要忘记请水牯牛洗澡。"

浴头烧好水就来方丈室请南泉禅师入浴，还没开口，南泉禅师就问："你来做什么？"

浴头回答："要请水牯牛洗澡。"

南泉禅师说："绳索拿来了没有？"浴头一时无言。

南泉禅师说："若是百丈禅师，他就不会忘记要带绳索。"

嗣承百丈禅师之法的沩山禅师，将要示寂时，有学僧问："老师百年之后，会到什么地方去呢？"

沩山禅师说："到山下人家去做一头水牯牛。"

学僧问："那我能跟老师一起去吗？"

沩山禅师说："你若跟我去，别忘了带一把草。"

　　沩山灵祐禅师，不求证涅槃，不求生佛国，但愿百年之后，在山下寻常百姓家，做一头水牯牛。自古禅师皆不求作佛，但求开悟，实是禅者伟大之处。有其师必有其徒，有一学僧也要跟去做水牯牛，沩山禅师还叫他别忘记带一把草，意谓禅者要独立生存，使人生起"稽首沩山水牯牛，一把青草万事辉"。

向异类中行

有一天，南泉普愿禅师对大众开示说："现在的行者，应该发心向异类中行。"

赵州从谂禅师听到南泉禅师这么说，马上就问："先不谈'异'字，请问师父，什么是'类'？"

南泉禅师闻言，便两手按地，故意做出四脚兽类的姿势。赵州禅师见状，立刻向前，一脚把南泉禅师踢倒，然后跑进涅槃堂大叫："后悔！后悔！"

南泉禅师命侍者去问赵州禅师，究竟他在"后悔"什么。

赵州禅师只是轻松地回答："我懊悔没有多踢那只兽两脚！"

南泉禅师听了赵州禅师的答复，不但没有生气，反而更加器重赵州禅师的灵利根机。

南泉普愿禅师以"向异类中行",期勉禅者要发心普利群生;赵州从谂禅师则以超越生佛、物我的差别对待,一脚踢掉对"异类"的分界,诠释了"自他一如"、"同体共生"的慈悲。

正如《金刚经》所说,所有一切众生之类,我皆令入无余涅槃而灭度之。所有的生命都是息息相关的,都是大自然的一部分,彼此相互依存的,所以吾人更应该平等对待万物,关怀众生,救度众生,为天下众生服务。

因此,菩萨在悟道之后,为了救度众生,不会贪著于涅槃菩提的清净,反而积极出入于生死的迷界,自愿在五浊恶世的六道(地狱、饿鬼、畜生、阿修罗、人、天)之中,济度一切有情。而一个禅者,不只是求悟道而已,他还要能感受到芸芸众生的忧悲苦恼,发愿以没有分别、没有拣择的心去弘法利生才是。

沙弥问答

　　有甲乙两座禅寺，都有禅师住持，两寺的禅师经常训练门人学僧各种的禅锋机语。

　　每天甲乙寺都有寺众前往市场买菜，通常都是沙弥去买。有一天，甲乙寺的两个沙弥在路上相遇，乙寺的沙弥就问甲寺的沙弥："请问你到哪里去？"

　　甲沙弥回答："风吹到哪里，我就到哪里。"

　　乙沙弥一听，不知道如何问下去，回去就向师父报告。师父听了以后，就责备道："傻瓜！你可以继续问他，假如没有风，你要到哪里去呢？"

　　乙沙弥一听，说："哦，好！"

　　他记着师父的指示，第二日途中再与甲沙弥相遇时，就胸有成竹地问道："喂！你今天到哪里去？"

　　甲沙弥回答道："我的脚走到哪里，就到哪里！"

乙沙弥一听，哎哟！话题变了，一时又不知道怎么问下去。

回寺后再告诉师父，师父听了就说："好笨啊，你可以继续问他，假如脚不走，你要到哪里去？"乙沙弥听了以后，立刻说好。

第三天，两人又在路上碰到了，乙沙弥还是问道："你今天要到哪里去？"

甲沙弥用手往前面一指，回答道："今天到市场买菜去！"甲沙弥直到最后才揭出底牌，乙沙弥仍然不知道如何接续话题。

◎ **养心法语** ————————————

从甲乙两寺的沙弥可以看出禅的风姿。乙寺的沙弥善良老实，不过没有幽默感，没有禅味；反观甲寺的沙弥，灵活有机辩，随口道来，有趣又有禅意。所以禅不能拘泥执著，禅是智慧，是敏捷，在任何时间，任何地方，信手拈来，皆成妙谛。

甲乙两沙弥皆到市场买菜，甲寺沙弥先寒暄问候，乙寺沙弥则妙语以对，先答风吹，再答脚走，最后三答才点出目的，这就是所谓从禅心中流露出的禅机妙用了。

放下！放下！

有一名登山者，辛苦地跋山涉水，途中经过了很多悬崖峭壁，结果一不小心从悬崖失足跌下。幸好他一手攀住了山腰上的一棵小树，才没有掉进万丈深渊里。在这种生死存亡的关头，他不禁大声地呼叫："佛祖啊！佛祖啊！赶快救救我啊！"

就在这个时候，悬崖上忽然出现一个人对他说："我就是佛祖，我很想救你，不过就怕你不肯合作，不愿意听我的话。"

登山者连忙说："只要佛祖肯救我，不管您说什么，我当然都听您的！"

佛祖于是指示他说："现在，请你把手放开。"

登山者大吃一惊，说："放手？那我岂不跌入万丈深渊，粉身碎骨？"

登山者惊恐万分，更加用力地抓紧树枝，不肯松手。

佛祖无奈地说："你不放手，那我怎么救你呢？"

◎养心法语 ————————————

　　想要明心见性，就得依从佛法的指示，若是一味地执著，又怎么能脱离身陷世间五欲的危境呢？许多人总是放不下与自己有关的种种，诸如家庭、妻子、儿女、事业、财富等等，其实，这一切都是会无常变化的。尤其当大限来时，什么都带不走，执著也没有用。

　　这些心上的重担如果放不下的话，人生自然就很辛苦。然而，放下不等于是放弃，放下是以佛法去重新认识这个世间，了知世事终归不免于无常变迁，那么即使身处在五欲洪流中，也不会被欲望束缚，或是被名利枷锁。能放下，就能找到身心的安稳处，随心自在。

明·吴彬·普贤像（故宫博物院藏）

心量小，烦恼多，痛苦亦多；

心量大，喜悦增，福德亦增。

老虎侍者

　　唐朝的时候，宰相裴休奉佛甚笃，曾送他的二公子裴文德入佛门，并作《送子出家警策箴》，惕励儿子以修行求道为要。中年之后的裴休，就已经断除肉食，深研佛学，曾追随圭峰宗密大师学习华严，圭峰宗密大师所著的经疏，经常请裴休作序。后来，裴休参谒黄檗希运禅师，他记录黄檗禅师的语录，辑成《黄檗山断际禅师传心法要》及《宛陵录》，流传于世。

　　有一次，裴休去拜谒马祖道一禅师的法嗣——华林善觉禅师。这位禅师时常手持锡杖，夜行于山林之间，每走七步就振锡一下，称念一声观音的名号。

　　裴休看到只有禅师一人独坐，就关心地问道："禅师！为什么没有侍者在一旁随侍照顾呢？"

　　善觉禅师回答："我是有两个侍者，只是很少出来见客罢了！"

裴休好奇地问道："那么侍者在哪里呢？"

善觉禅师随即高声叫唤："大空！小空！"只见两只老虎应声从寺院后方跑了出来。

裴休没想到竟然会跳出两只猛虎来，不觉惊骇万分，全身抖个不停。

善觉禅师看了，就对老虎说："有客人在，你们还是进去吧！"两只老虎吼哮一声，便离开了。

惊魂甫定的裴休，看到老虎竟然这么温驯听话，惊奇地询问："禅师！您究竟修持的是什么法门，竟然有这样的威势驯虎？"

善觉禅师听了，良久都不作声，于是裴休又唤了一声："禅师！"

善觉禅师提起念珠说："你懂吗？"

裴休摇摇头，困惑地说："不能意会。"

善觉禅师淡淡地说："山僧常念'观世音'。"

裴休对善觉禅师摄受老虎的慈悲威德，惊叹不已。

　　念观音、拜观音，不如自己做个观世音，华林善觉禅师可说也是观音来示现的。观世音以慈悲应世，老虎看似威势吓人，但是当威势遇到慈悲时，威势也敌不过真正的慈悲，因此能降伏虎豹，这正是裴休敬服善觉禅师的原因。

万里同心

　　雪峰义存禅师与唐末五代的玄沙师备禅师是同门师兄弟，二个人曾先后参礼过福州的芙蓉灵训禅师。雪峰义存禅师在象骨山（雪峰山）开山建寺的时候，师弟玄沙师备也前往协助，两人虽是师兄弟，却亲如师徒，玄沙师备禅师以苦行著称，因此雪峰义存禅师常以"备头陀"来称呼他。玄沙师备后来在雪峰义存禅师座下悟道，成为他的法嗣，之后在玄沙山接众，二人同在福建当地弘扬禅法，吸引了很多人慕名到他们门下学习。

　　有一天，玄沙师备禅师请人送交一封书信给雪峰义存禅师。

　　雪峰义存禅师拿到了信，随即摊开来一看，只见白纸三张，并没有留下只字片语。

　　雪峰义存禅师把这三张白纸展示给众人看，并且问大家："你们看到什么吗？"

众人都摇头不解。

雪峰义存禅师就缓缓地说："君子相交，万里同心。"

带信的人回去之后，就把事情的经过，一五一十对玄沙师备禅师说了一遍。

玄沙师备禅师听了，不禁叹息着说："老师错过了说法的机会。"

◎ 养心法语 ——————————

雪峰义存禅师是禅门何等的高手，有机会开示说法，哪里会错过呢？只是，法不孤起，必由因缘而生，既是三张白纸，也还他三张白纸，一法不生，泯去了很多的是是非非。假如有所言说，听者机缘不投，各有议论，徒然造成许多葛藤。真正的禅者，本来无一物，不会随便惹尘埃，雪峰义存禅师之展示信纸，不假解说，不亦宜乎？

碗筷备齐

　　翠岩可真禅师，世称"真点胸"，福州长溪（今属福建）人，是宋代临济宗的禅僧，以辩才无碍而闻名于丛林。他是黄龙派开山祖黄龙慧南禅师的师弟，两人都曾在石霜楚圆禅师座下参学，同为石霜楚圆禅师之法嗣。后来，可真驻锡在隆兴府（今江西南昌）翠岩山，故又称翠岩可真，之后迁往潭州（今湖南长沙）的道吾山弘化。

　　翠岩可真禅师常举"女子出定"的公案来接引学人。这则公案主要是说，有一次文殊菩萨看到佛陀的法座旁，坐着一位入定的优婆夷，心想这名女子怎么可以高踞在佛陀的法座之旁，便想唤这名优婆夷出定，没想到试了各种方法都徒劳无功。佛陀最后就说，即使文殊之力也无法使此女出定，只能请罔明菩萨一试。果真罔明菩萨到优婆夷身旁弹指一下，

244

女子便即刻出定了。

翠岩可真禅师环顾座中大众，问道："为什么文殊菩萨这位七佛之师，尚且无法使这位优婆夷出定，而罔明菩萨却可以呢？"

大众没有一个人明白当中的道理。

最后，可真禅师只好说："碗筷还没有备齐，怎么可以吃饭呢？"

其中，有一位学人终于明白了，向可真禅师顶礼而去。

◎ 养心法语 ───────────────

禅定、智慧、无明，当这三者混在一起的时候，禅定的威力是不分老少、不分男女的，人人皆有禅心，皆能进入禅定。智慧，固然可以让人深入慧海，但是禅定功力，也是非智慧所能动摇的。

罔明菩萨即指"无明"也。所谓无明一起，定力消失，正如可真禅师所说，碗筷还没有备齐，哪里能吃饭呢？这也就是说，佛道还需要更多的缘分因缘，像慈悲、智慧、发心、灵巧等，才能真正地进入禅定、佛道。

画地自限

　　庐山归宗寺的智常禅师，俗姓陈，湖北人，是唐朝时马祖道一禅师的法嗣弟子。他教育学人的方式独树一格，活泼中又富含启发性，举凡日用生活中的大小事物，都可以成为他教化的活教材。

　　有一次，归宗智常禅师和众人到菜园里摘菜，他忽然拿起一根树枝，在一棵青菜的周围画了一个圆圈，将这棵菜圈在里面，并立标杆做为标记，然后告诉大家说："大家看好了，任何人都不准动这棵青菜！"说完之后就离开了。

　　众僧听了都谨从师命，没有人敢碰那棵菜。

　　菜头师巡菜园时看到这棵菜，说："把这棵菜拔起来，明天中午煮来吃。"

　　马上有人说："这是大和尚的旨意，你敢动吗？"菜头师一听就被吓阻了。

之后，库头师也看见了这棵菜，也说："这菜只是一畦一畦长在那里，有什么意思？不如把它摘了，煮给大家吃吧！"

又有人说："这是禅师的意思，你敢动吗？"库头师就不开口了。

就这样，不论这个人想动，或那个人想动，但都被劝阻说"这是大和尚的意思"，因此这棵菜就这样单独一棵长在菜园里，没人敢碰。

过了一段时间，智常禅师又与大众来到菜园，看到那棵菜还好好的在圆圈内，立刻举起手中的拄杖，向两旁的人等挥去，大声呵斥："你们这群死脑筋的蠢汉，难道就真的这样画地自限了吗？任由菜生长也不敢取来食用吗？这里竟然没一个有智慧的人。"

有一位禅僧说："禅师您的圈圈指示，大家不敢违背啊！"

说话的人又被智常禅师挥打一顿。

智常禅师说："一个圈、一句话，就不能改变吗？"

说完之后，智常禅师就把标杆一脚踢倒，拽起那棵菜，头也不回地走了。

参禅，不要给传统束缚；参禅，没有教条，所谓"男儿自有冲天志，不向如来行处行。"所以禅师就是在考验这许多弟子，要能离开语言文字，离开一切诸相，离开一切法则，自己寻找另外一个光天化日，寻找另外的"一朝风月，万古晴空"境界。

可惜一般的人，总给名句文身束缚，不能找寻到自己啊！

向上一路

　　唐朝的睦州（今杭州淳安）道明禅师，俗姓陈，嗣法于黄檗希运禅师。他最初隐居在睦州龙兴寺，非常孝顺母亲，经常编织蒲鞋，一边担着母亲，一边担着草鞋贩卖，还一边认真读经，时间一久，大家都称他为"陈蒲鞋"。

　　道明禅师的禅法活泼，如果有学人前来叩问，他会依这个人的根机随问随答，机锋锐利，常有四方学人慕名而来，因此也有人尊称他为"陈尊宿"。

　　有一天，一位年轻学僧问："如何是向上一路？"

　　道明禅师回答："路在你口边。"

　　学僧说："此路不会行走，怎么向上呢？"

　　道明禅师说："既不能向上，那就凿无底深坑好了。"

　　这位僧人说："学生还是不能会意，请老师开示解惑。"

道明禅师说："初三、十一、中间是九、下面七。"

学僧再问："以一重去一重就不问了，如果不以一重去一重的时候，该怎么办呢？"

道明禅师回答："昨天栽种茄子，今天栽种冬瓜。"

学僧又问："曹溪六祖慧能大师的真实旨意是什么？"

道明禅师说："老衲只爱发怒，不爱欢喜。"

学僧奇怪地问："为什么会这样呢？"

道明禅师随口诵出一偈："路逢剑客须呈剑，不是诗人莫献诗。"

◎养心法语 ————————————

有诗云："两个黄鹂鸣翠柳，一行白鹭上青天。"他们说了些什么？他们飞到哪里？向上的路在哪里？只有到达的时候才知道。

人生要有目标，有目标就有希望，希望就是向上的道路。希圣希贤，希望成就佛道，不都是向上的路吗？也许道路崎岖，或者道路遥远，但你的交通工具是什么呢？先莫问向上的路，先问自己的交通工具具备了没？

真狮子吼

　　无学祖元禅师，俗姓许，字子元，号无学，是南宋末年鄞县（今浙江宁波）人。十三岁时，受到兄长的鼓励出家，拜径山无准师范禅师为师，并且得到他的法要，师父圆寂后，便行脚十方参学。他在天童寺时，受日本的北条时宗之邀，赴日弘法，最初住在建长寺，后来做了圆觉寺的开山祖师，建立日本临济宗的基础。

　　北条时宗是日本镰仓幕府的第八代领导人，信仰佛教，尤其特别喜欢禅法。晚年，他出家修道，对推动日本临济宗的发展有相当大的贡献。

　　有一次，北条时宗向无学禅师请教："什么是道？"

　　无学禅师回答："莫烦恼！"

　　北条时宗闻言，受到很大的启发，从此自我勉励，精进禅法。

当时，元朝向日本发出通牒，要求日本成为藩属。镰仓幕府拒绝了这一要求，元朝决定派兵进军日本，情势一度相当紧张。

北条时宗前往请教无学禅师，说："大祸就要临头了。"

无学禅师反问北条时宗："你打算如何？"

北条时宗未语，突然一声："喝！"

无学禅师一听，说："真狮子，就应该有此吼声！"

北条时宗心有所悟，自此以禅法锻炼武士，培养他们的精神力，并且作为武士道的基础。

◎养心法语 ——————————

狮子吼本来是譬喻佛陀说法如狮子吼，所谓狮子一吼，百兽皆惊，就如佛陀说法，邪魔外道都会畏惧。

现在，北条时宗用"吼声"来训练武士，成为日本武士道的基础要领。因为，吼声可以提起精神，壮大胆量。在战争的时候，吼声可以鼓起勇气，激励士兵冲锋陷阵。可见禅法不是如绵羊般，只是柔弱无力，在某一个时候，也能如狮子吼，可以使勇气倍增也。但是，狮子吼不是乱叫乱喊，也要在一定的情况下，才做狮子吼啊！

青蛙入水

　　日本知名的俳句诗人松尾芭蕉，出生于公元一六四四年，是江户时代前期伊贺国人。在他的文学生涯达到高峰时，一度转向禅宗寻求更高的意境，期间跟随鹿岛的佛顶禅师参禅学道。

　　有一天清晨，天刚下过雨，空气清新宜人，佛顶禅师便外出散步经行。走着走着，来到了松尾芭蕉的住处。佛顶禅师看到松尾芭蕉满脸欣喜地从屋里出来相迎，就问他："看你这么欢喜，最近有什么好事吗？"

　　松尾芭蕉愉悦地指着庭院里的青苔，回答："您看，雨过青苔湿，多么美好啊！"

　　佛顶禅师见机不可失，立刻问他："你说，青苔未生之时，它的本来面目是什么？"

　　这时，刚好有一只青蛙跳入水池中，"扑通"一声，松尾芭蕉心有所触动，马上回答："寂寂古池旁，青蛙跳入水，扑通一声响。"

佛顶禅师听了，忍不住击掌喝声："好呀，好呀！就是它了。"

说完，就将手中的如意送给松尾芭蕉，并且为他印可。松尾芭蕉的这首俳句也因此成了一首名诗，至今仍为人传颂不已。

◎养心法语 ——————————————

历史上许多的学者、文士，在他的学问到达某个阶段的时候，总觉得思想没有出路，所以有不少学者，如王维、白居易、苏东坡等，都到佛门里面来找寻他们的思想管道。日本这位俳句诗人松尾芭蕉也是如此，好在他在禅门里得到了消息，所以这一首诗在日本才成为绝唱。

得到谁的开示？

有一位云水禅僧专程从湖北到福建漳州的罗汉院拜见桂琛禅师，提出希望能在禅师门下参学的请求。

罗汉桂琛禅师看了他一眼，并没有马上回应。

禅僧不死心，继续问："能否请老师开示您修行的心要？"

罗汉桂琛禅师便将手中的拂尘竖起来，过了一会儿，问禅僧说："你懂了吗？"

禅僧一看，立刻礼拜下去："谢谢老师的慈悲开示。"

罗汉桂琛禅师忽然举起手中的拂尘，朝他身上挥去，呵斥说："你糊涂！每天花开草长，虫鸣鸟叫，你都没有看到他们说法吗？你看到拂尘竖起来，就以为拂尘在跟你说法了？"

禅僧无话可说，礼拜而去。

第二天，禅僧又来到法堂，请求说："请老师慈悲开示。"

　　罗汉桂琛禅师一样举起拂尘不开口。禅僧跨步向前，一把抢下拂尘说："谢谢老师的开示。"

　　罗汉桂琛禅师点点头说："你终于听到虫鸣鸟叫、花开草长向你说法了。"

　　禅僧手持拂尘在罗汉桂琛禅师面前长跪，说："弟子愿在座前受教。"意思是留单跟随老师长住学习。

　　罗汉桂琛禅师说："善哉，善哉，可造之材也！"

◎ **养心法语** ——————————————

　　禅僧两次问道，罗汉桂琛禅师两次都竖起拂尘，可是禅僧了解前后的意思不同。第一次竖起拂尘，他只懂得，还不知道接受；第二次问道，罗汉桂琛禅师一样竖起拂尘，禅僧就把它抢下来，意思是说，你说的，我都接受了，甚至愿意把是你的还给你，是自己的留下来。禅门师生之间，就是如此的论道了。

呵斥法门

　　黄龙悟新禅师，韶州曲江（今广东）人，自号"死心叟"，得法于临济宗黄龙派之黄龙祖心禅师。

　　一天，一位僧人问悟新禅师："对于心中有所疑惑的人，您都是用什么话语来接引他们的呢？"

　　悟新禅师豪气地说："只要一开口就呵斥他，让他知难而退。"

　　僧人点点头，若有所思，然后又说："禅师您用喝叱来接引学人，无非是要让他打得念头死，好能大死一番。"

　　僧人又继续问："接下来，您又用什么话来考验他呢？"

　　悟新禅师仍然不改声调地说："还是用呵斥的方法让他知进退。"

　　僧人被悟新禅师的气势所震慑，虽然心中仍存有疑惑，但也不敢再多问，吐了吐舌头，便礼拜而去。

隔天，悟新禅师上堂说法，说到昨天该名僧人的提问，恐怕大众对这种喝叱方法有所存疑，他对众人说："诸位！由于众生烦恼业重，若逆境来时，当头棒喝无异是一帖良方，当下截断众流，以死心对治，自然不再起嗔怒妄想。"

这位学僧听了禅师的话以后，大吼一声："我才不要听你解释！"

悟新禅师非常赞赏，点点头说："可也，可也！"

◎ 养心法语 ————————————

禅心是非常奇妙的，心中时而显现天堂，时而显现地狱；时而满心欢喜，时而满心愁闷。但是这一颗心，前后际断，没有时间，有时顿悟，有时渐悟，学僧经过了一宿的思惟，对呵斥之道已领会于心。当悟新禅师说法以后，他不觉证明给老师看，就大吼一声，表示自己已经不计较呵斥了。所以，悟新禅师不禁赞叹说："可也，可也！"

怎样修行

福建漳州报恩院的怀岳禅师，福建泉州人，得法于雪峰义存禅师。

有一天，一个初学的禅僧问怀岳禅师："一个人在二六时中，要怎样注意自己的举心动念呢？"

怀岳禅师听了，回应他："我只知道为众服务。"

禅僧又再问："说起为众服务，我只要想到为别人做事，就提不起劲来！那怎么办呢？"

怀岳禅师淡淡地说："那你就为自己做啊！"

禅僧不明白，继续追问道："怎样为自己做呢？"

怀岳禅师看了年轻的禅僧一眼，说："你要开智慧的眼，就要去读经啊！你要闭目，才能养心啊！你的手脚都能动、能做，可以典座、行堂、挑柴、担水，你自己才有用啊！难道你都做不动吗？"

年轻的禅僧在怀岳禅师的开示下，终于明白：原来为了自己，什么事都可以做的啊！

◎养心法语 —————————————————

这一位年轻的禅僧，真是现代自私人的写照。凡是与别人有利益而与自己无关的，他都不肯发心；凡是对自己有利益的，他就争先恐后。其实，世间上哪一件事不与我有关啊？

如果没有别人，当我想吃饭，不但要去煮饭，还要去种田；我要穿衣，不但要会裁剪，还要去纺纱织布；连要吃一粒水果，我都必须在山上种植灌溉两三年，才能有一粒水果。凡事只想到自己，不想到别人，试问：你出门，谁来开车呢？就是走路，谁来造桥铺路啊？一切都是别人为我们成就的，为什么我们不能服务别人呢？能服务别人，才是为自己。一切都只为了自己，不肯服务别人，是不能存在的，为人，才能共荣共有啊！

说法

　　唐代洪州（今江西南昌）的百丈惟政禅师，是百丈怀海禅师的法兄，马祖道一禅师的法嗣弟子。

　　有一天，惟政禅师对众人说："今天劳请各位来为我开垦田地，待开完田之后，我就为你们讲说佛法大意。"

　　田地开垦完之后，当天晚上，惟政禅师上堂说法。一位僧人代表大众站出来，大声说："田地已经开好了，请和尚为众人阐说佛法大意。"

　　惟政禅师一言不发地下了禅床，走了三步，随即展开双手，仰望天地，微笑着说："大意我已经说完了。"

　　禅僧不服气，反击说："您未发一言，未出一语，怎么说佛法大意已说过了呢？"

　　惟政禅师说："佛以一音演说法，众生随类各得解，你还不懂吗？"

这位禅僧也照样双手一摊说："我懂了，我懂了！"

惟政禅师说："既然你懂了，我们就来谈个三天三夜。"于是又坐上禅床，闭目端坐，操手当胸，寂然不动，确实在禅床上坐了三天三夜。

◎ 养心法语 ─────────────

语言文字、见闻觉知，既是佛法，也不是佛法。所谓"天下好语佛说尽"，别人还要再说什么法呢？所以，只有从心地去悟入佛的知见，才算说法如法。不过，这位禅者也不简单，看到惟政禅师双手一摊，来表示说法已竟，他确实有所省悟，因而也把双手摊开说："我懂了。"惟政禅师知道，"懂得"只是知见，一定要实际的心地功夫才行，于是就再给他做个印证说，我们来谈个三天三夜。然后他自己真的再上座入定，以示言行一致。

佛教里，有许多法义僧，都认为要弘扬佛法。其实，禅者也弘扬佛法，但他不一定用语言文字。有时他扬眉瞬目，挑柴担水，开垦田地，甚至游山玩水，都是在说法。如同佛陀当初所说：我说法四十九年，谈经三百余会，其实未说一字，因为真理不可说也。所以，在灵山会上，佛陀明示禅法是不立文字，直指人心。惟政禅师所表现的禅意，可以说真正把佛的心意做一个说明了。

牛马看井

有一天，曹山本寂禅师问强上座说："佛的真如法身，犹如虚空，应物现形；又如水中月、镜中像，捉摸不得。请问上座，您要如何来解释这个'应'的道理呢？"

强上座说："就像是一头牛、一匹马口渴了，如果看到路边有一口井，自然就会探头朝井里看。"

曹山本寂禅师摆摆手，说："唉，你只说出了八成。"

强上座反问他："那么，您又是怎么看的呢？"

曹山本寂禅师笑眯眯地说："就如井在看这头牛、这匹马呀！"

强上座不解其意，疑惑地问道："这两者，有什么不同吗？"

曹山本寂禅师悠悠地说："诸佛法身，随缘应化。

佛心即是无心，无心即是佛心，你说究竟同也不同呢？"

强上座当下哈哈一笑，便不再说话了。

◎ **养心法语** ——————————————

　　牛马都是供人驱使的动物，在长途跋涉之后，难免会饥渴。饿了可以在路边吃草，渴的时候就要喝水。假如路边有一口井，牛马走到井边，看着井想喝水，究竟是牛马看井，还是井看牛马呢？

　　他们二位禅师就以此道理彼此较量，一个说牛马看井，一个说井看牛马，这有什么不同吗？其实，不管是牛马看井，还是井看牛马，都是对待；有对待，就不是最高的境界。不过，牛马会饥渴，有喝水的欲望，这就是分别。曹山本寂禅师说井看牛马，井无分别，虽看起来无差别，实际上，他们还是有差别的喔！

试举两足

　　元魏（北魏）时代的昙显禅师，生卒年不详。他终年一身百衲衣，居无定所，只要有法会斋宴的地方，他就会出现，一般人见了，都以为他是叫化子，他也不计较。只有上总法师知道他的道行，经常给予他一些帮助。

　　南朝齐天保年间，发生佛道斗法事件，最后决定以法术高下来定取舍，并且由皇帝亲自主持。道士们广施咒语，当场木横梁斜，佛教沙门的衣钵腾空旋转，众人无不瞪目惊讶。道士陆修静得意地说："我等不过略施小技，只要沙门现一，我就能现二。"

　　上总法师从容不迫地说："方术小技，世儒尚且不为，况我沙门？现在由我等最末座的沙门来和你们一对即可。"上总法师于是请了昙显禅师上台。

　　陆修静看见站在台上的昙显禅师一副邋遢样，根本没有把他放在眼里，轻忽地说："你能举一，我就举二。"

"哦，这样啊？"昙显禅师漫不在意地回答，然后慢慢举起一只脚，说："我已经举起一脚了，你试着举两足看看。"

众人一看，哄堂大笑，陆修静面红耳赤，说不出话来。

陆修静心有不甘，停了一会儿之后，接着又说："你们佛经自号内典，内则小也；道经为多，多则大也！"

昙显禅师悠悠地回答："照你这么讲，那么，一朝天子身处内宫，则是庶人小民啰？"

陆修静一时语塞，再也无法发问。

◎ 养心法语 ————————

　　佛、道在历史上，常有过节。如佛教初传中土的时候，在东汉明帝年间，道教与竺法兰、迦叶摩腾斗法，最后失败，引起迦叶摩腾腾空说法："狐非狮子类，灯非日月明；池无巨海纳，丘无山岳嵘。法云垂世界，善种得开萌。显通希有事，处处化愚蒙。"

其实，宗教的法门派别，纵有不同，不必比较。有时候要比较，反而会自讨其辱了。